轻松做150道 空气炸锅 创意美食

西镇一婶◎编著

青岛出版集团 | 青岛出版社

图书在版编目（CIP）数据

轻松做　150道空气炸锅创意美食 / 西镇一婶编著. --青岛：青岛出版社, 2018.3
ISBN 978-7-5552-6606-8

Ⅰ.①轻… Ⅱ.①西… Ⅲ.①食谱－中国 Ⅳ.①TS972.182

中国版本图书馆CIP数据核字(2018)第004835号

书　　　名	轻松做　150道空气炸锅创意美食	
编　　　著	西镇一婶	
参与编写	张厚栋　杜婷婷　常艳梅　周玉娇　王玲巧　郝欢欢　王　玲	
	马红琴　李君芝　杨　卓　董红梅　杨立侠　陈　颖　楼敏进	
	孙　静　张　宁　解丽芬　李晓爽　李金萍　唐佳楠　戚　慧	
	王　霞　倪燕春	
出版发行	青岛出版社	
社　　　址	青岛市海尔路182号（266061）	
本社网址	http://www.qdpub.com	
邮购电话	0532-68068091	
策划编辑	周鸿媛	
责任编辑	肖　雷	
特约校对	崔晓婷　杨婷婷	
设计制作	魏　铭　宋修仪	
照　　　排	青岛帝骄文化传播有限公司	
印　　　刷	青岛北琪精密制造有限公司	
出版日期	2018年3月第1版　2022年5月第19次印刷	
开　　　本	16开（710mm×1000mm）	
印　　　张	15	
字　　　数	180千	
图　　　数	1590	
书　　　号	ISBN 978-7-5552-6606-8	
定　　　价	49.80元	

编校印装质量、盗版监督服务电话　4006532017　0532-68068050
建议陈列类别：美食类　生活类

我是一个厨电控。

没错，市场上形形色色的厨房小家电对我的诱惑，就好像是那些漂亮橱窗里的大牌包包对大多数女人的诱惑一样，一旦看到就忍不住想收入囊中。我身边的人，想要购买或者不知道该怎么使用一台厨电的时候，总是习惯性地第一个就想到我这个厨电狂人。所以，拥有10台烤箱、5台破壁机、5台厨师机、5台面包机、4台原汁机、3台空气炸锅再加上一堆其他小厨电这种夸张的事，放我身上就很平常。

对美食，我的热爱源自骨子里。没晋级俩娃的妈之前，就痴迷于到处旅行，品尝那些街边小吃和特色美食。当妈以后，没那么自由了，我就把这种对吃的钻研精神转移到了自己亲手做美食上，然后一直在与日渐增长的体重作斗争。

对厨房小家电的喜欢，一开始纯粹是爱屋及乌，因为它们是做美食的利器。后来的痴迷，则是依赖上了它们给我的家庭生活带来的便利。比如手指按几下，早上就可以给家人喝到热乎乎的自制豆浆米糊；轻轻地手拨旋钮，就能把一盘貌不惊人的花生米变成顺滑香浓的花生酱；又或者是将一堆材料扔进去，然后面包机自动就做出一个香喷喷的大面包……

厨电的世界就好像有魔法一样，我是这个世界里最权威的魔法师，只需要挥动一下魔杖，念几句正确的咒语，天上就会噼里啪啦地掉下一堆神奇又美味的食物来。这种新鲜感和成就感，也是我一直想分享给大家的。所以，我写了这本空气炸锅的美食书。

好多人会觉得空气炸锅是鸡肋，除了烤鸡翅、烤薯条、烤地瓜，似乎无法给它找到更好的用途，所以往往就束之高阁。但你知道，你深深地误解它了吗？其实这是一台非常神奇的锅，只是很多人还没有找到解锁神锅用法的密码而已。所以，在这本书里，我尝试着将炸锅的潜能都挖掘出来，不管是日常的蔬菜、肉食和海鲜大餐，还是烘焙甜点、街头小吃，这台神奇的锅都能做出来，只有想不到，没有做不到。

限于本书篇幅，我很不情愿地将接近300个的炸锅食谱删减到了现在的150个，更多的炸锅新菜谱也持续在公众号上更新。所以，你家的空气炸锅还要继续闲置吗？

在吃货的眼里，每一种厨房家电都是潜在的宝藏，只有掌握了钥匙的人才能解锁它的全部技能。别让偏见限制了你的想象力，别让本该大放异彩的厨电继续被冷落。跟我一起，从空气炸锅开始，玩转这150道创意美食吧。

2018年1月1日

contents 目录

第一篇

缤纷蔬食　素养身心

第二篇

爱吃肉　也可以吃得健康

第三篇
烹制海鲜水产 锁鲜有魔法

第四篇
蛋禽美食 好吃到飞起

contents 目录

第五篇
主食、零食里的快乐时光

01 | 关于空气炸锅你不能不知道的秘密 |

—— 什么是空气炸锅 ——

　　空气炸锅，厨房里的新宠，用空气取代原本用来炸食物的热油，通过热风的对流加热，以热风在密闭的锅内形成急速循环的热流，让食物变熟；同时热空气还吹走了食物表层的水分，令食材无需滚油也能达到近似油炸的效果。

　　市面上的空气炸锅一般分为抽屉式炸锅和玻璃锅式炸锅两种。前者容量多在2L~3L 之间，后者容量多在 10L 左右。小巧的空间让温度上升更快，再配合热风循环，达到均匀加热的效果。

炸锅主机

　　构成空气炸锅的主体部分，包含了加热元件、高速风扇及加热管等核心部件。高端炸锅多采用进口轴承和高标准发热元件，在锅体的使用寿命、温度精确性、加热均匀性及安全性等方面都有保证。

控制面板

　　控制炸锅工作所使用的操作键，一般分为旋钮式和触屏式两种，包含了时间、温度等选项。空气炸锅的可设定温度范围一般在60~210℃之间，从低温烘干到高温焗都可以满足。

　　高端炸锅多采用触屏，有的在工作时还可以灵活调整温度和时间，不必返回重置，可满足对食材的不同烹饪要求，并且工作结束后可自动关机，避免食物烤焦或使用者因遗忘而造成的安全隐患。

空气炸锅的工作步骤可分为三步

1 通过机器顶部的烘烤装置快速加热；
2 通过大功率风扇在炸锅内部形成急速循环的热流；
3 炸锅内部有特制的纹路可形成旋涡热流，全方位 360 度接触食材表面，快速带走加热产生的水气，从而在表面形成金黄酥脆的表层，达到煎炸的外观和口感。

炸锅炸篮

　　用来盛放烹饪食物的器皿，按下释放按键就可以与炸锅的抽屉分离，方便清洗。市面上的空气炸锅炸篮底部一般为丝网状或网眼状。铁丝网状的炸篮比较难清理，所以尽量使用带有不粘涂层的网眼型炸篮，一来烘烤肉类、鱼类时不粘底，二来便于清理。

　　高端炸锅的炸篮多采用加厚的不锈钢材质以及与电饭煲同品质的陶晶不粘涂层，具有良好的导热性和不粘性。

炸锅抽屉

　　用来接炸篮上烘烤食物漏下去的残渣和榨取出的油脂的容器，一般都带有独特的底部纹路设计，可帮助形成立体热风，让食物快速加热，并且受热均匀。

　　食物残渣和油脂经过高温烘烤后会粘在抽屉里，故建议提前铺上锡纸方便清洗。

炸锅小锅

　　有的炸锅会随机附带一个小锅，用来烘烤蛋糕、焗饭或者带有汤汁的食物，也可以当作水浴法烘烤蛋羹、布丁等的容器使用。

02 | 空气炸锅都能做哪些美食 |

健康、少油、快捷，是用空气炸锅烹饪食物时最主要的三个特点。

健康是指用炸锅烹饪食物时，与传统的炒菜烹饪相比，可以大大降低油烟的产生，避免人体吸入过多的油烟影响健康；少油是指空气炸锅可以榨取出肉类食物本身的油脂，达到不用油而煎炸食物的效果，大大降低了人体对脂肪的摄入（可降低约86%的脂肪）；快捷是指只需要把处理好的食材放进炸锅内，启动程序，就可静等享受美食。

炸锅到底能做些什么？下面一起来分析一下：

烹制肉类、海鲜和蔬菜

炸锅可以做的美食有很多，比如常见的排骨、五花肉、烤鸡、鸡翅、鸡腿、羊肉串、牛排等肉类食材，炸锅都可以做，而且不用放一滴油，还会将食材本身所含的油脂榨出来。这些肉类的做法非常简单，只需要提前将食物腌制好，再直接放到空气炸锅里面烘烤就好了，味道和口感都不输于传统烹饪法所制作的，非常具有新鲜感。

对于含油量很低的海鲜，炸锅也可以做到原汁原味的烹饪，可根据自己的口感选择是否腌制及调味料的使用。对于完全不含油脂的蔬菜，为达到好吃的口感，只需稍微放一点油，比传统炒菜使用的油量要少得多。

对食材进行预处理

炸锅除了可直接烹饪成品，还可以对食材进行预处理。比如做辣子鸡、糖醋排骨这类菜肴，传统做法都需要提前将肉类进行油炸再加工。有了空气炸锅后，就可以先将鸡肉或排骨先用炸锅"炸（名为炸实为烤）"熟，不但不用浪费一锅的油，还可以把肉类本身的油脂逼出来，大大降低人体吸收的脂肪量。对于茄子这种很吸油的蔬菜，也可以提前用炸锅加热处理，就不会摄入那么多油水了。

当家里有客到访，需要大量制作美食的时候，不需要人在旁边看守的空气炸锅更可以充当厨房小帮手，大大提高出菜的效率。尤其在高温闷热的夏天，炸锅更可以代替大部分的炒菜工作，让使用者不必困在厨房，少出汗，少吸油烟。

加工冷冻油炸食品

超市里有很多冷冻的油炸半成品，比如鸡肉串、骨肉相连、炸鸡块、香芋地瓜丸等，这些半成品都非常适合用炸锅来制作，不用放油或抹一点的油，直接让炸锅炸就可以了。

对于平时吃剩下的油炸食品如炸鸡、炸丸子等，用炸锅进行复热也很方便。如果用微波炉加热，油炸食物外面那层酥皮就会软掉，很难吃，但用炸锅复热，就能还原成最初的口感，还能榨出多余的油脂。

对于一些因受潮导致口感不好的食物，如花生、瓜子等，也可以用炸锅复热，就会恢复到原先的口感了。

制作烘焙美食

与烤箱相比，炸锅有点类似于一个带强劲热风的小烤箱，所以除非是块头比较大的吐司，或者是烘烤中不能有风吹的泡芙、手指饼干等，其余诸如蛋糕、饼干、披萨、派、中式酥点、小面包等，都可以用炸锅制作的。只要烘焙食物不大于炸锅的最大容量并能接受热风，几乎都可以用炸锅来代替烤箱。

制作零食和小吃

除了以上美食，炸锅还可以挖掘出很多新鲜用法。它的温度区间，可以制作不少的零食和小吃。比如可以用炸锅炼猪油做中式酥点，还可以运用它的热风功能制作苹果干、芒果干等。对于焗饭类、布丁类，掌握好炸锅的用法后也是可以做出来的。只要有想法，炸锅就能帮你实现。

03 | 空气炸锅的使用技巧 |

提前预热

与体积较大的烤箱相比，身材小巧的空气炸锅加热更快。普通烤箱的预热时间都不少于 10 分钟，一些大容量的烤箱甚至需要 20 分钟，但抽屉式炸锅可以大大缩短预热的时间，一般在 3 分钟内就可以达到所需温度。

对于一些需要保留食材水分的美食，比如肉类、海鲜、蔬菜、蛋糕等，可以将炸锅预热后再放入，减少食物与热空气接触的时间。但对于需要烘干的食物，比如烤花生、烤果干、锅巴等，可以不用预热直接放入。

食材平铺

空气炸锅烹制食物时，大多数都要平放在炸篮上，然后通过炸篮底部的网眼实现热空气的对流循环，所以在铺入食物时尽量平铺成一层，并且个体彼此间要留出一定的空隙，方便锅内热空气的流动。

要放在小锅或者抽屉内烘烤的食物，多是带汤汁的那种，就需要在炸制过程中翻动几次，避免底部的食物受热不均。

如果食物烘烤的时间较长，也可以一次铺入两层食物，但中途要翻动几次，以免被压到的食物烤不到，上色不均。

适量刷油 空气炸锅在烹饪肉类的时候是无需加油的，热空气会把肉本身的油脂逼出来。但在制作蔬菜或者海鲜时，为了保证口感，让食材留住水分，同时避免食物粘锅，可以在表面刷一点点的油。烹饪裹了面包糠的炸物时，表面不刷油的话无法做出那种金灿灿的色泽，但口感是没有问题的。

外壳包裹 传统的油炸食物，很多都要先包裹一层面糊后再进行油炸，这种挂浆制作法不适用于空气炸锅，因为无法像油炸那样让裹了面糊的食物瞬间形成酥脆的外壳，所以用空气炸锅制作的炸鸡腿、炸鸡块等炸物，最好是挂一层鸡蛋液后再裹一层面包糠来制作。

温度和时间 空气炸锅设定的温度和时间，与食材的类别和分量有很大的关系。高温（190~220℃）多数用来烤大块的肉类或者奶酪焗饭类；中高温（160~190℃）是最常用的温度，用于做肉类、海鲜类、蔬菜类和大部分的烘焙美食类；低温（100~150℃），主要用于烘干水分或者制作时间需要 40 分钟以上的美食。

04 | 空气炸锅的适用人群 |

怕胖人士 √

在我们所吃的食物中，一般味道较好的，大多有着高油脂、高热量、高胆固醇的特性。比如油炸食品和肉类烧烤，是很多人的心头所好，金黄色的外观，外酥里嫩、鲜香多汁的口感，扑面而来的香气，都会惹得不少人食指大动。但这类食品吃了以后，除非能通过运动来大量消耗摄入的热量，否则都会是囤积脂肪的元凶。

空气炸锅在烹饪此类食物的时候，尤其是做肉类美食的时候，不但无需抹油，还会把肉本身的油脂逼出来，大大降低人体对油脂的吸收。这对于嘴馋又怕胖的人士来说，真是既能吃到美食又能少长脂肪的厨房烹饪利器。

中老年人和儿童 √

用空气炸锅做的菜，与油炸或者炒菜相比，都是无油或者少油的。比如高血压、高血脂、心脑血管等疾病高发的中老年人，就是需要低油烹饪的人群之一。

对于喜欢吃油炸食物尤其是洋快餐的孩子，妈妈们也需要一款空气炸锅，给孩子们做健康无油、吃着安全的美食。这样不但能保护孩子爱吃的天性，还可以让他们少吃或不吃外面的垃圾油炸食品。

单身独居人士 √

一个人住，吃饭总免不了凑合，点外卖就成了常态，但外卖吃多了对身体也不好。有了空气炸锅以后，烤鸡腿、烤鸡翅、烤排骨等美食就随便做了，方便、美味，而且实惠。再加上独自在外打拼的年轻人大多租房住，在选择厨电的时候也最好能购买便于搬家的小型厨电，所以空气炸锅比烤箱等更适合单身人士。

美食爱好者 √

美食的想象力是无穷的，空气炸锅的功能不仅限于制作油炸食物，还可以做菜、做饼干、烤面包、烘果干、制作很多可口的小零食……只有想不到，没有做不到，对于喜欢研究的美食爱好者来说，空气炸锅足以衍生出大量的创意美食。

05│空气炸锅的选择和保养│

如何选择空气炸锅

空气炸锅是高温工作电器，所以请选用安全插座。一般情况下，电器都会有一定程度的电磁辐射，空气炸锅也不例外，但是相对于微波炉等，空气炸锅的功率相对较小，辐射也会小一些。

空气炸锅的最低温度和最高温度一般在 60~210℃之间，作为一个高温运转的设备，它在运行过程中会持续产生高热，所以在使用过程中要注意避免发生烫伤。尤其在烹饪完成取出食物时，最好用工具辅助，注意保护自己的双手。

因为要长期高温工作，所以一定要选择使用安全材料、耐高温烘烤、不会产生有毒物质的空气炸锅。目前市场上的空气炸锅品牌良莠不齐，有的非常便宜，但这类空气炸锅由于缺少相应的质量检测，所以在使用过程中，会产生不可预知的风险。为了家人也为了自己，尽量选择一些口碑好、质量过硬的空气炸锅，毕竟在厨电购买上，是一分价钱一分货的。

空气炸锅的炸篮，一般分为丝网状和网眼炸篮两种，建议选择后者，因为前者在烹饪像鱼肉等比较细嫩的肉类时，高温烘烤后鱼皮可能会粘在丝网上导致鱼肉破裂，同时丝网缝隙间的残渣不好清理，时间久了后会藏污纳垢。网眼炸篮多数都有不粘涂层，类似于不粘炒锅那种。这种不粘涂层一定不要用铁丝球或很硬的刷子来刷，不然时间久了会造成不粘涂层的脱落。

高端炸锅的炸篮都比较有分量，厚度多在 0.2 毫米之上。低端炸锅的炸篮就比较薄了，往往只是一层铁皮。

空气炸锅的保养常识

① 一般的食物在 40 分钟内就可以烘烤完毕，尤其是 200℃以上高温的，如果时间太长、食物又小，就容易烤焦炭化，并会产生烟雾，加剧锅体的损耗和老化。

② 遇到炸篮和抽屉内油污多的时候，可以先将炸篮抽屉泡入高浓度洗洁精水中，15分钟后再清理。最好准备一个软毛牙刷，这样可以轻松去除炸篮网眼里的油污，还不伤害涂层。

③ 每次用完空气炸锅后要及时清洗炸篮与抽屉，擦干或晾干后再收起。

④ 当空气炸锅的抽屉内有比较浓稠的调味料汁时，要先清理干净后再继续烘烤，因为带调料汁烘烤会让糖、盐和酸类物质对抽屉涂层的腐蚀性大幅增加。涂层一旦被腐蚀脱落，铁制材料在高温环境下接触盐分、糖分、酸性物质就会生锈。

⑤ 每次使用空气炸锅时都可以在抽屉底部铺一层锡纸，能够隔绝调料汁里的盐、糖、酸类物质对涂层的腐蚀作用，延长炸锅使用寿命。

06 | 初学者会遇到的一些问题 |

Q: 空气炸锅在烘烤食物的时候温度如何设置？

A: 首先可以参考菜谱里的时间和温度，如果没有可参考的数据，就采用常用的 180℃ 15 分钟，然后根据烘烤的情况灵活调整时间。食材多的话就长点，少的话就短些。

Q: 空气炸锅清理起来方便吗？

A: 食物一般都放在炸锅的炸篮上，烘烤后的汤汁和油脂是流到抽屉里的，所以烘烤结束后，炸篮和抽屉都可以单独取下清洁。对于有不粘涂层的炸篮，不要用钢丝球或硬刷子，最好找一个软毛刷来清理。油污比较多的话，可以先用洗洁精浸泡一会再清理。抽屉里可以提前铺一层锡纸来隔绝油污，使用完毕后扔掉锡纸即可。

Q: 烤面包可以用空气炸锅吗？

A: 空气炸锅的容积较小，无法制作块头比较大的吐司，但是可以烘烤体型较小的面团，可以将面包面团放进炸锅随带的小锅或者炸篮内烘烤。

Q: 烤鸡腿或者全鸡的时候，表面已经糊了，但是里面还没有熟怎么办？

A: 空气炸锅的加热效果非常均匀，之所以出现这种情况一般都是温度设置得过高了，可以把温度降低，延长烘烤的时间。或者一开始用中高温烘烤到熟，然后再调到高温烤 10 分钟，烤出好看的颜色和酥脆的外壳来。

Q: 空气炸锅可以用锡纸包着食物烤吗？

A: 锡纸包烤可以防止烘烤中食物的水分蒸发，从而拥有较嫩的口感。这种烤法一般运用在烤箱中，可以让食物加热均匀，减少外面糊了里面还不熟的情况。但对热风强劲的炸锅来说，因为食物加热比较均匀，所以锡纸包烤用的就比较少。可以根据自己的喜好灵活选择包还是不包。

Q: 空气炸锅可以制作蛋羹或者布丁这类需要蒸烤的食物吗？

A: 在熟练掌握空气炸锅的用法后是可以的。以蛤蜊蒸蛋为例，放蒸锅里用大火蒸熟到定型需要 15 分钟；用空气炸锅来做，时间需要长一些，并且要包好锡纸用高温烘烤，中间不能晃动。对于水浴法烘烤的布丁类，可以参考烤箱的温度和时间，但空气炸锅用的时间和温度都要长一些和高一些才能定型凝固，因为热风影响了凝固的效果。

Q: 烤箱烤食物用的时间和温度，可以直接用到空气炸锅上吗？

A: 空气炸锅的容积比烤箱小很多，再加上有强劲热风，所以在烘烤同样的食物尤其是肉类的时候，时间会缩短 1/3 到 1/2。温度方面，特别是在烘烤面包、蛋糕的时候，炸锅的温度也应该比烤箱的温度低一些，否则会上色过深。但是对一些需要凝固定型的食物，比如蛋羹、布丁，水浴法的芝士蛋糕等，炸锅烘烤需要包上锡纸避免被风吹影响定型，因此温度就要比烤箱高一些了，时间也更长一些。

Q: 烤箱和空气炸锅，哪一个更适合我？

A: 烤箱和空气炸锅各有其优点和缺点。烤箱体积大，可以制作大吐司及同时烘烤多个戚风蛋糕，缺点就是加热比较慢，尤其烤肉类后油脂四溅难以清理。空气炸锅的优点是个头轻巧、方便搬动、加热迅速、清洗方便，缺点就是每次制作的食物分量有限。如果你是肉类爱好者，希望做菜少油烟并且清洗不麻烦，那么空气炸锅就比较适合你。如果你喜欢烤吐司或者有私房蛋糕的业务需求，那么建议选择30L以上的烤箱。

2.5L左右的炸锅给三口之家使用刚刚好，但对于家里人口较多的就略显小巧了。但空气炸锅容积加大，加热时间就会变慢。如果需要选择5L以上的空气炸锅，就不如选择烤箱更为实用。对于喜欢制作美食的人来说，可以炸锅和烤箱灵活分工，一个平时烹饪做菜，一个烘烤西点，也不会发生肉类和西点串味的尴尬。

07 | 使用炸锅经常用到的配料 |

固体味料

盐
烹调时最重要的味料。其渗透力强，适合腌制食物，但需注意腌制时间与分量。

白糖
由甘蔗或者甜菜榨出的糖蜜制成的精糖。以甘蔗为原料的叫白砂糖，以甜菜为原料的叫绵白糖。细砂糖也是烘焙常用材料之一。

冰糖
在制作红烧类菜肴时使用冰糖会使菜品颜色更加红亮，此外使用冰糖冲泡茶水或制作甜品，有补中益气、和胃润肺、止咳化痰的作用。

味精
对菜肴的提鲜效果显著，但多食对健康无益，可以用自制鸡精代替。

面粉

主要分为高筋面粉、中筋面粉、低筋面粉三种。炸制食物所用的面糊多用中筋面粉（也就是普通面粉）调制。

淀粉

为芡粉的一种，多用玉米淀粉。使用时先使其溶于水后勾芡，可使汤汁浓稠。此外，用作油炸物的沾粉时可增加其脆感。用于上浆时，有助于食物保持滑嫩。

面包糠

包裹于油炸食品表面，如炸鸡肉、鱼肉、虾、鸡腿、鸡翅、洋葱圈等，使炸物香酥脆软、可口鲜美、营养丰富。

液体味料

老抽

起上色提鲜的作用，尤其是做红烧菜肴或者是焖煮、卤味时。

生抽

用来调味，适宜凉拌菜，颜色不重，比较清爽。

酱油

是用黄豆、麦子、麸皮酿造的液体调味品。

料酒

腌制肉类时加料酒可以去腥。

蚝油

用蚝（牡蛎）熬制而成的调味料，味道鲜美，营养价值高。

醋

食醋味酸而醇厚，液香而柔和，是烹饪中必不可少的调味品。

食用油

花生油的脂肪酸构成较好，易于人体消化和吸收。葵花籽油含有丰富的胡萝卜素，近年来较受青睐。玉米油最好选用非转基因的玉米胚芽油，营养含量丰富。橄榄油被认为是迄今所发现的油脂中最适合人体所需的油，炒菜时油烟很少，但高温易破坏营养。

蜂蜜
烤鸡翅、排骨时常刷在表面，增加色香味。蜂蜜水温度不应高于 60℃，因其所含酶、维生素和矿物质会被高温破坏。

豆瓣酱
是以蚕豆为主要原料配制而成的，以咸鲜味为主。它也是川菜常用的调料，如回锅肉、麻婆豆腐、水煮鱼、麻辣香锅等常用。

番茄酱
是鲜番茄的酱状浓缩制品，可以直接蘸食，也常用作鱼、肉等食物的烹饪作料，增色、添酸、助鲜。

辣椒酱
红辣椒磨成的酱，呈赤红色、黏稠状，又称辣酱。可增添辣味，并增加菜肴色泽。

香辛料

葱
常用于增香、去腥。

姜
可去腥、除臭，并提高菜肴风味。

蒜
常用之爆香，可搭配菜色切片或切碎。

八角
也叫大茴香，无论卤、酱、烧、炖都可以用到它，以去腥添香。

花椒
亦称川椒，常用来红烧及卤制菜肴。花椒粒炒香后磨成的粉末即为花椒粉；花椒粉加入炒黄的盐则成为花椒盐，常用于油炸食物蘸食。

干辣椒
可使菜肴增加辣味。也可以磨成辣椒面，或者烧热油浇在辣椒上制作成辣椒油。

黑胡椒
有粉状和原粒两种，原粒使用胡椒研磨器磨碎后使用，香味比粉状浓郁。黑胡椒适用于炖、煎、烤肉类。能达到香中带辣、美味醒胃的效果。

白胡椒

白胡椒多用于煲汤或烹制海鲜，香味稍淡，辣味更浓，能提出鲜味。

香叶

干燥后的月桂树叶，用以去腥添香，用于炖肉等。

桂皮

干燥后的月桂树皮，用以去腥添香，用于炖肉等。

小茴香

用以去腥添香，用于炖肉等。其茎叶部分即茴香菜。

孜然

又名安息茴香，祛除腥膻异味的作用很强，还能解除肉类的油腻，常用在烧烤肉中，令肉质更加鲜美芳香。

五香粉

由花椒、大料、桂皮、丁香等芳香类调料混合后研磨而成，使用方便。尤其适合用于烘烤肉类。

咖喱粉

是以姜黄为主料，另加多种香辛料，如芫荽籽、桂皮、辣椒、白胡椒、小茴香、八角、孜然等配制而成的复合调味料。其味辛辣带甜，具有一种特别的香气。

08 | 本书调味料的计量说明 |

本书中食谱的调味料都用勺子称量，分为汤匙和茶匙两种。

1 汤匙 ≈ 15ml

1 茶匙 ≈ 5ml

粉状食材的称量 ——————————— 盐、白糖、面粉、黑胡椒粉等

1 汤匙
满满 1 勺的量，
中间有点尖

1/2 汤匙
半勺子的量

1/3 汤匙
1/3 勺的量

1 茶匙
满满 1 勺的量，
中间有点尖

1/2 茶匙
半勺子的量

1/3 茶匙
1/3 勺的量

液态食材的称量 ——————————— 料酒、生抽、食用油等

1 汤匙
满满 1 勺的量

1/2 汤匙
半勺子的量

1/3 汤匙
刚刚盖住汤匙底的量

酱类食材的称量 ——————————— 豆瓣酱、番茄酱、烧烤酱等

1 汤匙
抹平表面满满 1 勺的量

1/2 汤匙
半勺子的量

1/3 汤匙
1/3 勺的量

自制调味料

自制花椒粉

- **分量**: 1 小罐
- **时间**: 10 分钟
- **材料**: 花椒粒 100 克, 清水少许

做法

1. 将花椒用水清洗灰尘, 沥干, 放入小锅（或耐高温的焗碗）中。

2. 空气炸锅设置 200℃, 放入小锅（或焗碗）烤 8 分钟。中途用木铲翻拌一下。烤好的花椒香味浓郁, 用手一搓就碎。

3. 将花椒倒入破壁机或料理机中, 打成细腻的粉末即可。如果没有破壁机, 也可以将花椒粒倒入保鲜袋中, 用擀面杖擀碎, 之后用筛子过滤出细腻的花椒粉。

自制辣椒粉

- **分量**: 2 小罐
- **时间**: 10 分钟
- **材料**: 二荆条干辣椒 100 克, 清水少许

做法

1. 干辣椒用清水冲洗去表面浮灰, 沥干, 去蒂, 放入空气炸锅自带的小锅中。

2. 空气炸锅设置 170℃, 放入小锅烤 5~6 分钟后取出。烤好的辣椒很香, 用手一捏就碎。

3. 把炒好的干辣椒放入破壁机或干磨器中, 打成粉即可。打的时间短就是辣椒碎, 打的时间长就是辣椒粉。

自制椒盐

- **分量**：1 小罐
- **时间**：30 分钟
- **材料**：花椒 35 克，小茴香 18 克，白芝麻 8 克，白胡椒粉 1 小勺，食盐 18 克

做法

1. 花椒提前清洗一下，晾干。将花椒、白芝麻、白胡椒粉、小茴香用小火炒香。干炒不放油，全程用小火慢慢炒，炒到花椒和小茴香微微发黄有香味即可，时间将近 2 分钟。

2. 盛出，放凉备用。

3. 干锅小火炒盐，炒到微微发黄。

4. 将炒好的所有材料混合，用破壁机或干磨器磨成粉即可。破壁机杯子较深，所以可以将材料翻倍，不然底部刀片会打不起来。

自制五香粉

- **分量**：1 瓶
- **时间**：30 分钟
- **材料**：八角 40 克，桂皮 30 克，干姜 10 克，甘草 10 克，花椒 30 克，小茴香 15 克

做法

1. 将八角、桂皮、干姜、甘草混合，清水洗去灰尘，沥干。

2. 放入小锅中，再将小锅放入空气炸锅，180℃烘烤 15 分钟左右，至所有材料都烤出香气并变干，倒出。

3. 将花椒和小茴香放入小锅中，再将小锅放入空气炸锅，200℃烤 7~8 分钟，倒出。

4. 把所有材料倒入破壁机或料理机中，打成细腻的粉末即可。如果买不到干姜和甘草，只用其他四种原料也可以。

21

自制孜然粉

分量：1 小罐

时间：15 分钟

材料：孜然粒 80 克，清水少许

 做 法

1. 用水清洗一下孜然粒表面的灰尘，沥干，放入炸锅自带的小锅（或耐高温的焗碗）中。

2. 空气炸锅设置 190℃，放入小锅（或焗碗）烤 13 分钟左右，待孜然粒烤熟烤香。中途要用木铲翻拌一下。

3. 将烤好的孜然粒倒入破壁机或料理机中打成粉末即可。

自制鸡精

分量：1 小罐

时间：30 分钟

材料：鸡胸肉 400 克，干香菇 60 克，白砂糖 15 克，食盐、葱、姜各少许

 做 法

1. 干香菇洗净，沥干，剪成段，放入空气炸锅的炸篮中，160℃烤 10 分钟至香菇变干、变硬，出锅。

2. 鸡胸肉去掉白色脂肪，切成条，放入锅中，加水、葱、姜、煮熟。

3. 撇去浮沫后捞出沥干，撕成丝。

4. 用擀面杖来回擀压几遍，让鸡丝变得更碎一些。

5. 将鸡丝平铺放入空气炸锅的炸篮中，设置 150℃烤 10 分钟，待鸡肉完全变干即可出锅。底部的抽屉里会有很多漏下的鸡肉碎，记得取出。

6. 将烤干的香菇和鸡肉干混合到一起，加入盐和糖拌匀，倒入破壁机中打成细腻的粉末即可。

自制烧烤酱

分量：1 瓶

时间：20 分钟

材料：梨（取果肉）90 克，大葱 2 克，大蒜 2
瓣，洋葱 20 克，姜 2 克，酱油 80 克，
蚝油 10 克，黑胡椒粉 2 克，白糖 40 克，
玉米淀粉 6 克，清水 70 克

 做 法

1. 洋葱切丁，梨切块，姜切片，蒜剥皮，葱切段。

2. 把所有食材倒入破壁机或者料理机中，打成细
腻的糊状，倒入小碗中备用。

3. 小锅中倒入酱油、蚝油、清水、白糖、玉米淀粉、
黑胡椒粉，搅拌均匀。

4. 小锅放中火上加热，用铲子不停搅拌，一直煮
到冒泡沸腾时关火。

5. 趁热倒入刚才打好的糊糊搅匀即可。倒入干净
的瓶子中，倒扣放凉，之后放冰箱冷藏备用。

自制烧烤粉

分量：1 小罐

时间：2 分钟

材料：自制鸡精 2 克，五香粉
20 克，孜然粉 25 克，
花椒粉 10 克，盐 3 克，
辣椒粉 1 克，白糖 2 克，
熟白芝麻 1 克

 做 法

所有原料按比例混合，拌匀即可。

自制面包糠

分量：1 袋

时间：120 分钟

材料：面包 1 个或吐司片 4~5 片

做 法

1. 面包（或吐司）用手撕成块状，放入炸篮内。

2. 炸锅设置 190℃，放入炸篮烤 10 分钟左右，将面包中水分烤干，变得硬硬的有点焦黄的样子即可。

3. 将面包干放入保鲜袋里，先用擀面杖敲碎。

4. 再来回擀压成渣即可。建议用带滚轴的擀面杖，会省力不少。在擀压过程中，一些没被烤脆的面包组织会变成擀不碎的片状，取出来二次烘烤或者丢掉。

自制猪油

分量：1 碗

时间：25 分钟

材料：猪板油（或者五花肉的肥肉部分）350 克，盐少许

做 法

1. 将猪板油清理干净，然后切成丁，铺入炸篮内。

2. 空气炸锅设置 190℃，放入炸篮烘烤 25 分钟，烤出的猪油会从炸篮底部的网眼流入抽屉中。烤到 25 分钟的时候肉丁就会变成肉干了，如果想更干一些，可以烤到 30 分钟。

3. 准备好过滤网和无水无油的干净保鲜盒，将猪油用过滤网滤去杂质，趁热加入少许食盐拌匀，金灿灿的猪油就炼好了。

4. 等猪油放凉后放入冰箱冷藏凝固后，就是我们做中式糕点常用的白色猪油膏了。

第一篇　缤纷蔬食 素养身心

　　蔬菜最常见的做法，有炒有涮，有煮也有拌。但你有没有想过，来个烤的会怎样？

　　其实用空气炸锅烤蔬菜特别方便，不但颜色靓味道好，还不像炒菜那么贵油，也不会像煮出的菜那么稀软。不管是纯素的烤杂蔬，还是给肉菜做的绿色陪衬，都可以拿来烤一烤，味道好极了。

风味烤毛豆

┌┈┈ 分量：2 人份

├┈┈ 烤制时间：180℃ 12~14 分钟

└┈┈ 难易度：★

 材　料

毛豆粒…………200 克
花生油…………1 汤匙
盐…………1 茶匙
五香粉…………1/2 茶匙
孜然粉…………1 茶匙

 做　法

1. 毛豆粒洗净，控干水。

2. 毛豆加花生油、盐、五香粉、孜然粉拌匀，平铺
   放入空气炸锅的炸篮内。

3. 空气炸锅 180℃预热 3 分钟，放入炸篮烤 12~14
   分钟即可。

1

2

3

作者君碎碎念

1. 嫌麻烦的话可以不将毛豆去皮，毛豆荚洗干净后抹油、撒烧烤料烘烤，
   只是味道不如烤豆子浓郁。

2. 撒的烧烤料可以是五香味也可是孜然味，随自己喜好调整。

3. 毛豆去皮有技巧：将毛豆放入盆中，加水，滴入少量醋，浸泡半个小时
   后外皮会变得非常松软，可以轻松去除，然后将带有内部薄皮的毛豆用
   水浸湿，再用手来回搓几遍就可以去掉内皮了。

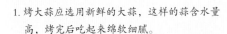 材料

大蒜（越新鲜越好）……4 头
花生油…………1 茶匙
盐…………1 小撮
现磨黑胡椒碎……1/2 茶匙
干迷迭香…………1/2 茶匙

 做法

1. 把大蒜外皮扒掉，留下靠近蒜肉的那层皮，切去顶端，尽量露出平整的蒜肉。

2. 在大蒜的顶端先抹一层花生油。

3. 撒上食盐和黑胡椒碎、干迷迭香，用锡纸将大蒜整个包起来。

4. 将大蒜放进炸篮内。空气炸锅 180℃ 预热 3 分钟，放入炸篮烤 30 分钟即可。

作者君碎碎念

1. 烤大蒜应选用新鲜的大蒜，这样的蒜含水量高，烤完后吃起来绵软细腻。

2. 大蒜需要比较长的时间才能烤软，包锡纸就是为了不让蒜内的水分流失。

3. 迷迭香是西餐不可缺少的调味料，和蒜的味道很配。如果实在买不到，可用孜然粒代替。

香料烤大蒜

分量：2 人份

烤制时间：180℃ 30 分钟

难易度：厨房小白

酥炸洋葱圈

分量：2 人份

时间：180℃ 15 分钟

难易度：★

材料

洋葱…………1 个
白胡椒粉…………1/2 茶匙
盐…………1/2 茶匙
玉米油…………1 汤匙
鸡蛋…………1 个
淀粉、面包糠……各 1 小碗

作者君碎碎念

1. 洋葱切开后会有断掉不成圈的，不介意的可以一起烤。

2. 洋葱圈需要提前腌制，要不然烤完后味道很淡。

3. 吃时可以蘸番茄酱，也可以撒点黑胡椒粉。

做法

1. 洋葱洗净，横切成片，再拆成一圈一圈的样子。

2. 洋葱圈加盐、白胡椒粉、玉米油拌匀，腌制 10 分钟。

3. 洋葱圈挂一层蛋液。

4. 放进淀粉里蘸一下，裹上薄薄一层淀粉。

5. 再放入蛋液里滚一下，然后放入面包糠里裹匀薄薄一层面包糠。

6. 平铺放入炸篮内。空气炸锅 180℃预热 3 分钟，然后将炸篮放入烤 15 分钟即可。喜欢酥脆口感的可以在面包糠外面刷少许油。

分量：2 人份

烤制时间：190℃ 10 分钟

难易度：★

材料

青椒、黄椒、红椒………各 1 个

花生油………1 汤匙

五香粉………1/3 茶匙

熟白芝麻………1/2 茶匙

盐、孜然粉………各 1/2 茶匙

1. 蔬菜里不含油，烤之后会比较干，所以需要在烧烤酱汁里加一些花生油。不喜欢花生油味道的可以换成玉米油或橄榄油。

2. 喜欢吃辣的可以在腌制时加辣椒粉。

3. 蔬菜易熟，所以还剩最后几分钟时要多次抽出炸篮来查看，别烤蔫了。

做法

1. 三种颜色的彩椒洗净，去蒂、籽，切块，放入大碗中。

2. 花生油、五香粉、孜然粉、盐、白芝麻拌匀成腌料。

3. 将腌料倒入彩椒中翻拌均匀，平铺放入炸篮中。

4. 空气炸锅 190℃预热 3 分钟，放入炸篮，烤 10 分钟即可出锅。

吉祥如意烤三椒

豌豆酥

分量：2 人份

烤制时间：200℃烤 15 分钟

难易度：★★

材料

豌豆粒…………280 克
玉米淀粉…………35 克
泡打粉…………2 克
盐…………2 克
黑胡椒粉…………1/2 茶匙
白糖…………2 克

作者君碎碎念

1. 用破壁机或料理机打豌豆时会比较干，可以稍微加一点清水进去，但记得水不要太多，否则加入淀粉后会稀软不成形。

2. 玉米淀粉最好一点点地加，因为不同的豌豆泥含水量不同，加水量以豌豆泥能成为比较厚的糊状为准。

3. 调好的豌豆泥尝一尝咸淡，根据自己的喜好灵活调整。

4. 最后的挤出阶段，可以挤长条也可以挤螺旋状，因为空气炸锅空间较小，所以要尽可能多放些，并要保证平铺。

5. 豌豆烤到成形并且摸起来有硬度即可，烘烤到位的豌豆酥放凉后吃起来会脆脆的。

做法

1. 豌豆粒洗净，控干水。

2. 将豌豆粒放入破壁机或料理机中打成细腻的泥状。如果比较干，可以加入少量清水一起打。

3. 豌豆泥放碗中，加淀粉、泡打粉、盐、黑胡椒粉和白糖，充分拌匀成比较厚的糊状。

4. 将豌豆泥装入裱花袋中。

5. 炸篮内壁上提前抹薄薄一层油，裱花袋前面剪小口，将豌豆泥挤到炸篮里，在豌豆泥表面也刷薄薄的一层油。

6. 空气炸锅 200℃预热 3 分钟，放入炸篮烤15 分钟，看到豌豆泥凝固变硬即可。

分量: 1 人份

烤制时间: 180℃ 10 分钟

难易度: ★

材 料

大土豆………1 个	盐………1/2 茶匙
洋葱………1/3 个	孜然粉……1 茶匙
生抽………1 汤匙	花生油……1 汤匙

作者君碎碎念

1. 这个是孜然味的, 也可以换成椒盐、麻辣等口味。

2. 生的土豆片直接烤会有淀粉味, 口感不好, 最好是煮一下再烤。

做 法

1. 土豆洗净、去皮, 切大片, 洋葱切丝。土豆片下锅煮至八分熟, 捞出沥干。

2. 大碗中放入土豆片和洋葱丝, 倒入生抽、盐、孜然粉、花生油拌匀, 让调味料和食材充分混合。

3. 将土豆片和洋葱丝倒入炸篮内, 平铺。

4. 空气炸锅 180℃ 预热 3 分钟, 放入炸篮烤 10 分钟即可。中途可以翻拌一下使入味均匀, 喜欢吃辣的可以在翻拌时加入几个干辣椒。

孜然土豆洋葱片

焗烤土豆碗

分量：2 人份

蒸煮时间：20 分钟

烤制时间：200℃ 12 分钟

难易度：★★

材料

小土豆…………2 个
金枪鱼肉………40 克
洋葱…………1/4 个
牛奶…………30 克
黑胡椒、盐………各 1/2 汤匙
大蒜…………3 瓣
马苏里拉芝士碎………少许

作者君碎碎念

1. 馅料可以换成培根丁、火腿丁或蔬菜丁。

2. 土豆不要煮太久，否则挖的时候土豆过软，不容易成型。

3. 土豆碗如果底部不平，可以放入蛋挞模中以保持平衡。

做法

1. 土豆洗净后一切两半，放入锅里煮熟（约20 分钟），取出用勺子将内部挖空，注意边缘部分不要挖断，挖成碗状。

2. 挖出的土豆趁热碾成泥。

3. 洋葱切丁，金枪鱼撕成小块，大蒜碾成蒜泥。

4. 将金枪鱼、蒜泥、洋葱丁、黑胡椒粉、盐、牛奶一起倒入土豆泥中拌匀成馅料。

5. 将馅料填入土豆碗中，放进炸篮内，表面再撒一些马苏里拉芝士碎。

6. 空气炸锅 200℃预热 3 分钟，放入炸篮烤12 分钟，至表面的芝士丝熔化上色即可。

香辣小土豆

分量：2 人份

蒸煮时间：20 分钟

烤制时间：200℃ 10 分钟

难易度：★

材料

小土豆…………8 个
葱…………少许
蒜…………4 瓣
盐…………1/2 茶匙
孜然粒…………1 茶匙
辣椒碎、花椒粒……各 1 汤匙
植物油…………30 克

作者君碎碎念

1. 最好用小土豆来做。将大土豆切块并削成扁球形也可以制作，但味道略逊色。

2. 锅里的油要烧到滚烫后直接倒入调料碗里，把调味料炸熟并炸出香味。

做法

1. 小土豆洗净，上锅大火蒸熟（约 20 分钟）。

2. 葱切末，蒜切粒。把孜然粒、辣椒碎、花椒粒、盐放在小碗中，上面放上葱末、蒜粒备用。

3. 蒸熟的小土豆立刻过凉水，将外皮剥掉，用刀面按压至裂开。

4. 炒锅中放油烧热，迅速浇到步骤 2 备好的调料碗中炸香。

5. 待油温不那么烫后拌匀，刷到土豆表面（不要刷完，留部分备用），放入炸篮中。

6. 炸篮放入空气炸锅中，200℃烤 7 分钟时将剩余调料刷到土豆表面，再烤 3 分钟即可。

烤圣女果土豆

分量：2 人份

烤制时间：200℃ 20 分钟

难易度：★

材料

圣女果…………10 个

土豆…………2 个

橄榄油…………1/2 汤匙

百里香碎…………少许

盐…………1/2 茶匙

作者君碎碎念

1. 土豆不易烤熟，所以切块时要切得小一点。

2. 喜欢口味重的话可以在土豆块中加入少许生抽或者烤肉酱腌制。

3. 圣女果可以用番茄块代替。

4. 百里香是西餐常用调料，没有的话也可以用黑胡椒碎代替。

5. 出锅后在表面撒少许奶酪粉，味道更好。

做法

1. 圣女果洗净，一切两半。土豆去皮，洗净，切小块。

2. 上述食材放入大碗中，加入百里香、盐、橄榄油翻拌均匀，腌制 15 分钟。

3. 将土豆块倒入耐高温的焗碗中，上面放圣女果，淋上腌食材时析出的汤汁。

4. 把焗碗放到炸篮里。空气炸锅 200℃预热 3 分钟，放入炸篮烤 20 分钟即可。中途可以拉出炸篮，将圣女果和土豆翻拌一下。

番茄米饭盒

分量：1 人份

烤制时间：190℃ 10 分钟

难易度：★★

材料

大个番茄⋯⋯⋯3 个
熟米饭⋯⋯⋯⋯100 克
青椒、红椒、黄椒⋯各半个（切丁）
豌豆⋯⋯⋯⋯30 克
火腿丁、芝士碎⋯⋯各 20 克
芝士片⋯⋯⋯⋯3 片
番茄酱⋯⋯⋯⋯1 汤匙
黑胡椒碎⋯⋯⋯1 茶匙
盐⋯⋯⋯⋯1/2 茶匙

作者君碎碎念

1. 用超市里卖的芝士片就行，
   芝士片切碎就是芝士碎了。

2. 米饭最好用隔夜米饭，炒好
   后粒粒分明。

3. 挖番茄时注意别把皮挖破。

做法

1. 番茄在距离顶部 1/3 处切开，挖出全部果肉。

2. 取一半番茄果肉切碎，加入番茄酱拌匀。

3. 锅中倒入少许油加热，先放彩椒丁炒一炒，
   再加入豌豆和火腿丁炒匀。

4. 倒入米饭炒匀，然后把刚才调好的番茄酱
   果肉倒进去炒匀。

5. 最后放入芝士碎，出锅前放入盐和黑胡椒
   粒调味。

6. 炒好的芝士米饭用勺子舀入番茄盒子内，
   表面再盖上 2 片芝士片。将番茄盒子放入
   炸篮内，炸篮放入空气炸锅中，190℃烤 10
   分钟至芝士熔化即可。

干锅杏鲍菇

分量：2 人份

腌制时间：30 分钟

烤制时间：180℃ 15 分钟

难易度：★

材料

杏鲍菇⋯⋯⋯⋯1 根

孜然粒⋯⋯⋯⋯1/2 茶匙

自制烧烤酱、玉米油⋯各 1 汤匙

（自制烧烤酱做法见 p.23）

 作者君碎碎念

1. 烤杏鲍菇需要放油，否则口感会太干，腌制时也不易入味。

2. 若没有烧烤酱，可用生抽加孜然粉或五香粉代替。

3. 加热 15 分钟后杏鲍菇就有些干香了，如果想吃嫩一些的要缩短烤制时间。

 做 法

1. 杏鲍菇洗净，切滚刀块，放入盆中。

2. 倒入玉米油、烧烤酱、孜然粒，拌匀后腌制半小时入味。

3. 腌好的杏鲍菇平铺放入炸篮内。

4. 空气炸锅 180℃预热 3 分钟，放入炸篮烤 15 分钟即可。中间可以抽出炸篮，将杏鲍菇翻动一下使受热均匀。

材料

平菇…………2 大朵
鸡蛋…………2 个
面粉、淀粉……各 15 克
盐、五香粉……各 2 克
植物油…………1 汤匙

作者君碎碎念

1. 平菇如果不焯水，就需要提前放盐腌制半小时，出水后攥干水分再裹面糊烘烤。

2. 平菇可以换成其他蘑菇。

3. 面糊里可以放入椒盐调味。

4. 这个蘑菇是免油炸的，所以不会像进热油锅那样直接在外面形成一层酥壳，而是通过高温将面糊慢慢凝固住。虽然口感比油炸的略逊色，却是低脂又美味的健康食品。

做法

1. 蘑菇洗净，撕成朵状，焯水后捞出，用手把水分攥干。

2. 鸡蛋打散，加入面粉、淀粉、盐、五香粉和少许植物油拌匀，放入蘑菇裹匀面糊。

3. 炸篮内壁刷一薄层植物油，平铺放入裹了面糊的蘑菇。空气炸锅 190℃预热 3 分钟，放入炸篮烤 15 分钟，至蘑菇表面面糊凝固即可。

4. 用木铲将蘑菇铲下来，装盘，吃的时候蘸椒盐。

椒盐炸蘑菇

分量：2 人份

烤制时间：190℃ 15 分钟

难易度：★

香菇烩莴苣

1 人份

180℃ 10 分钟

★

 材料

香菇…………10 朵
莴苣…………半根
盐…………1/3 茶匙
自制鸡精……1 茶匙
（自制鸡精做法见 p.22）
花生油…………1/2 汤匙
水果玉米粒…………1 小把

 作者君碎碎念

1. 这道菜要保持香菇和莴苣的新鲜原味，所以只需要加一点盐和自制鸡精调味即可。

2. 玉米粒我用的是水果玉米粒，提前用水煮熟，最后几分钟再放。如果手头没有，也可以不放。

 做法

1. 香菇洗净，去蒂，在菌盖表面切十字或米字花刀。莴苣去皮，洗净，切成段。

2. 将香菇和莴苣放入大碗中，加入盐、鸡精和花生油拌匀。

3. 倒入炸篮内平铺，放入空气炸锅，180℃烤 5 分钟。

4. 倒入煮熟的水果玉米粒拌匀，再烤 5 分钟即可。

孜然烤香菇

分量：2 人份
烤制时间：200℃ 10 分钟
难易度：★

材料

鲜香菇…………12 个
橄榄油…………1 汤匙
盐、孜然粉……各 1/2 茶匙
孜然粒…………1 茶匙
辣椒碎…………少许

做法

1. 香菇洗净，把蒂挖去，保留菌盖。

2. 加入盐、孜然粉、孜然粒、辣椒碎，最后放入橄榄油。

3. 将材料充分拌匀，腌 10 分钟，放入炸篮中平铺。

4. 空气炸锅 200℃预热 3 分钟，放入炸篮烤 10 分钟即可。

 作者君碎碎念

1. 香菇洗干净后轻轻攥干水分再烤比较好，但一定要注意不要破坏香菇的形状。

2. 烤到 5 分钟时可以往香菇上再撒些调味料，味道会更浓郁。

3. 根据所用香菇的含水量不同，烤制时间可以灵活调整，烤至香菇表面微干、已熟且有咬劲儿即可。

客家豆腐酿

客家豆腐酿是很受欢迎的一道菜，但对于厨房新手来说操作难度较大，在把豆腐翻面时肉馅很容易掉出来。用空气炸锅做就不必担心这个问题，并且肉馅里的油会被空气炸锅榨出来，豆腐会有油炸的口感，外观也跟油煎一样金灿灿的。

分量：2 人份

烤制时间：190℃ 10 分钟

难易度：★

材料

北豆腐…………500 克
瘦猪肉馅…………200 克
鸡蛋…………半个
黑胡椒粉…………1/2 茶匙
生抽、泰式甜辣酱…各 1 汤匙
蟹味菇、葱花、蒜末…各少许

作者君碎碎念

1. 豆腐块的厚度在 1.5 厘米最合适，太薄了不好挖坑且易破，太厚了豆腐不入味
2. 豆腐上抹的酱可以自己调，我偏爱泰式甜辣酱，就用了它来提味。

 做 法

1. 猪肉馅中加入蛋液、生抽、葱花、蒜末、黑胡椒粉、蟹味菇丁拌匀，腌制 10 分钟入味。

2. 将北豆腐切成 1.5 厘米见方的方块形，用小勺在豆腐表面挖出一个坑。

3. 将腌好的肉馅填入坑中，平铺摆入炸篮中。

4. 在豆腐上抹适量的甜辣酱或烧烤酱（也可以不抹，但味道会比较淡），将炸篮放入空气炸锅中，190℃烤 10 分钟即可。

分量：2 人份

烤制时间：180℃ 16 分钟

难易度：★

材料

北豆腐…………400 克

老干妈豆豉辣椒酱………1 汤匙

香葱碎、花生油…………各少许

作者君碎碎念

1. 炸篮内壁抹油一来可以防粘，二来可以起到油煎豆腐的效果。

2. 酱料里的豆豉容易烤煳，不要一开始就放上，烤 10 分钟时再放比较好。

3. 如果不能吃辣，可以刷甜面酱。如果想吃炸豆腐，可直接在豆腐上抹一薄层油，就能做出油炸豆腐的口感。

做 法

1. 北豆腐切成厚约 1 厘米的片。

2. 炸篮内壁抹一层花生油，豆腐块平铺在炸篮中。

3. 豆腐块表面均匀地抹上老干妈酱料汁，酱料里的豆豉留用。

4. 空气炸锅 180℃预热 3 分钟，放入炸篮烤 10 分钟后取出，把步骤 3 留用的豆豉放到豆腐上，再烤 6 分钟即可。出锅前在豆腐上撒点香葱碎装饰。

老干妈烤豆腐

豆腐渣素丸子

分量：2 人份

烤制时间：180℃ 12 分钟

难易度：★

材料

豆腐…………130 克
胡萝卜碎………60 克
蟹味菇…………45 克
香菜…………16 克
淀粉…………40 克
鸡蛋…………1 个
五香粉…………1 茶匙
蚝油…………1 汤匙
盐…………1/2 茶匙

作者君碎碎念

1. 面粉的量要按菜的出水量做适当调整，出水多就多加些。
2. 加入淀粉的菜能团成球就可以了，烘烤后会自然定型。
3. 加盐量根据自己口味灵活调整。

做法

1. 胡萝卜切成蓉状（若有原汁机可用其榨汁取渣）。

2. 豆腐切碎，蟹味菇和香菜也都切碎。

3. 胡萝卜、蟹味蘑菇、香菜和豆腐渣混合，静置 10 分钟，滗掉析出的菜汁。

4. 打入鸡蛋，加入淀粉和五香粉拌匀。

5. 加入蚝油、盐充分拌匀，每 16 克左右团成 1 个球。

6. 平铺放入炸篮中，彼此间隔开。空气炸锅 180℃预热 3 分钟，放入炸篮烤 12 分钟，用木铲从炸篮中铲出素丸，装盘即可。

分量：2 人份

烤制时间：185℃ 5 分钟

难易度：★

材 料

豆腐皮…………1 张
香菜…………1 小把
黄瓜…………2 根
生菜叶…………1 片
自制烧烤酱…………1 汤匙
（自制烧烤酱做法见 p.23 ）

作者君碎碎念

1. 豆腐皮里包裹的蔬菜可以随意
   更换，但必须是能生吃或者短
   时间内可以烤熟的蔬菜。

2. 豆腐皮很容易烤干，所以五六
   分钟就可出锅。一旦烤干则口
   感很硬，不好吃。

3. 刷的酱料汁可以用烧烤酱，也
   可以用豆瓣酱、甜面酱等。

香菜豆腐卷

 做 法

1. 所有食材洗净。生菜撕片，黄瓜切条，香
   菜切段，豆腐皮切成长方形。

2. 烧烤酱加少许水调成刷料汁。

3. 把生菜片、香菜段和黄瓜条放入盆中，刷
   上料汁入味。

4. 入好味的蔬菜放在豆腐皮上，卷起来，插
   上牙签使之固定。

5. 所有的蔬菜卷都做好后铺入炸篮内，表面
   再刷一层酱汁。

6. 空气炸锅185℃预热3分钟，放入炸篮烤5
   分钟。出锅前表面撒些烧烤粉更好吃。

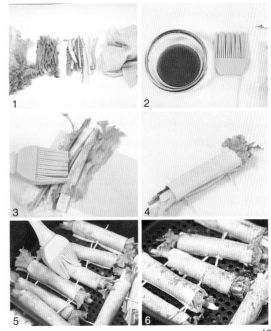

芹菜香干

分量：2 人份

烤制时间：180℃ 8 分钟

难易度：★

材料

香干…………2 块
芹菜…………40 克
红辣椒…………6~7 个
蚝油、花生油………各 1/2 汤匙
盐…………1/2 茶匙
熟白芝麻…………少许

作者君碎碎念

1. 芹菜不过水直接烤会有一股生叶子味，所以需要煮到八分熟后再烤。

2. 喜欢吃肉的话可以加点肉丝进去一起烤。

做 法

1. 芹菜去叶洗净，切成段，放入沸水中烫至八分熟，捞出沥干。

2. 香干切成条状，放入大碗中，加芹菜段、辣椒混合。

3. 倒入花生油、蚝油、盐、熟白芝麻拌匀，放入炸篮内平铺。

4. 空气炸锅 180℃预热 5 分钟，放入炸篮烤 8 分钟即可。

烤茄子片

分量： 2 人份

烤制时间： 180℃ 15~16 分钟

难易度： ★

材料

茄子…………1 根

豆豉酱…………1 汤匙

白糖…………1/2 茶匙

辣椒碎、孜然粒……各 1 茶匙

植物油、香葱末………各少许

清水…………8 克

作者君碎碎念

1. 茄子片刷油后先烤 10 分钟，是为了先烤出里面的水分，让茄子片可以烤透。后面刷上酱料后再烤，就可以呈现出烧烤的口感了

2. 喜欢吃肉的话可以剁点肉馅，混合到酱汁里，放到茄子片上一起烤熟，但烤制时间要长一些。

3. 刷茄子的酱汁可以换成你喜欢的任何酱料，烧烤酱更佳。

做法

1. 茄子洗净，切成厚约 0.8 厘米的片，用刀在其表面划网格。

2. 茄子片表面刷一层花生油，放入炸篮中，180℃烤 10 分钟备用。

3. 豆豉酱加入白糖、辣椒碎、孜然粒和清水拌匀。

4. 拉开炸篮，在茄子片表面刷一层调好的酱汁，撒香葱末，继续用 180℃烤 5~6 分钟即可。

什锦茄子卷

茄子，真是一种怎么做都好吃的蔬菜，特别是卷成卷后，往里填不同的材料，就会做出多种不同的口感。这次我用的是什锦蔬菜馅儿，下次可以再尝试填入猪肉馅或者牛肉馅。一口一个，方便又好吃。

···· **分量：** 1 人份

···· **烤制时间：** 175℃ 10 分钟

···· **难易度：** ★★

材 料

茄子…………1 根
盐（腌茄子片用）…1/2 茶匙
土豆…………半个
胡萝卜…………小半根
小番茄…………1 个
玉米粒…………1 小把
盐（炒馅料用）…1/2 茶匙
黑胡椒粉…………1/2 茶匙
芝士粉…………少许
植物油…………适量

作者君碎碎念

1. 茄子片要尽量切得薄些，才容易卷成卷儿。

2. 填在里面的馅料，可以根据自己的喜好选择食材。

3. 喜欢油炸口感的，可以烘烤前在茄子卷上刷薄薄的一层油。

 做 法

1. 茄子洗净，对半剖开，切成厚约 2 毫米的长片。

2. 把切好的茄子片倒入大碗中，加盐拌匀，腌制 20 分钟。

3. 土豆切丁，胡萝卜切丁，番茄切丁。

4. 锅中放油烧热，先倒入胡萝卜丁翻炒，再倒入土豆丁、番茄丁翻炒。

5. 炒至番茄出汤汁后加入玉米粒，再放入盐、黑胡椒粉调味，炒匀后关火。

6. 腌好的茄片沥干，卷成卷，插进牙签固定让它不会散开。

7. 所有的茄片都卷好后竖着摆放在炸篮内，填入炒好的什锦馅。

8. 空气炸锅设置 175℃预热 3 分钟，放入炸篮烤 10 分钟即可出锅。吃之前在表面撒一些芝士粉，味道更香。

麒麟茄子

这个名字霸气的麒麟茄子不会让吃货们失望。猪肉馅经过高温烘烤后会烤出油汁，浸湿茄肉并使其入味，所以这个茄子本身就不需要再刷油烤了。茄子味混合着猪肉馅的咸香，是非常下饭的一道菜。

分量：2 人份

烤制时间：180℃ 18~20 分钟

难易度：★

做 法

1. 把猪肉剁成馅。

2. 加生抽、淀粉、料酒、盐、黑胡椒调味。

3. 顺着一个方向搅打至肉馅呈黏稠状，然后腌制 10 分钟入味。

4. 茄子下面垫 2 根筷子，均匀切片，底部不要切断。

5. 将腌制好的猪肉馅填入茄子切口中，喜欢吃肉多的可以多塞一些。

6. 炸篮内壁刷一层薄薄的植物油，把填好馅的茄子放到炸篮里。

7. 空气炸锅调到 180℃，放入炸篮烤制，共计烤 18~20 分钟。可根据茄子的大小灵活调整时间。

8. 将生抽加水、白糖、番茄酱，调成刷料汁。

9. 茄子烤 5 分钟后在其表面刷上一层酱汁，然后继续烘烤。

10. 烤 13~14 分钟时将茄子底翻过来，也刷一层酱汁，然后烤到时间结束即可。

材 料

茄子	2 根
猪肉	200 克
料酒、生抽	各 1 汤匙
淀粉	1 汤匙
盐	1/3 茶匙
黑胡椒粉	1/3 茶匙

刷面调味汁

生抽	1/2 汤匙
番茄酱	1 汤匙
白糖	1 茶匙
清水	1 汤匙

作者君碎碎念

1. 烤茄子不易熟，所以烤到一半时要翻面继续烤。

2. 如果茄子肉较厚，可以切开后用 200℃烤 7 分钟至变软，再塞入肉馅继续烤，这样比较容易烤熟。

脆炸藕盒

分量：2 人份

烤制时间：200℃ 15 分钟

难易度：★★

小时候，妈妈经常给我做这个皮酥、藕脆、馅儿香的炸藕盒。现在妈妈上年纪了，要尽量少吃油腻的食物，所以我为她做了这个免油炸的藕盒。妈妈的评价是：一点都不腻，味道比油炸的更好吃。

 材 料

莲藕…………1 个
猪肉馅…………200 克
葱末、姜末…………各少许
五香粉、自制鸡精…………各 1/2 茶匙
（自制鸡精做法见 p.22）
盐…………1 茶匙
淀粉水…………20 克
淀粉…………1 茶匙
鸡蛋…………1 个
面粉…………15 克

做 法

1. 莲藕削皮，洗净，切成厚约 0.6 厘米的片。

2. 藕片放入加了食醋的清水里浸泡 15 分钟，泡去淀粉。

3. 猪肉剁成馅，加入葱末、姜末、五香粉、盐，再倒入淀粉水拌匀。

4. 鸡蛋打散，倒入淀粉和五香粉拌匀。

5. 取一片莲藕，抹上适量猪肉馅，再盖上另一片莲藕。

6. 放进蛋液糊里裹上一层糊，不要太厚。

7. 再放进面粉里裹上薄薄的一层。

8. 再裹上一层蛋液糊。

9. 炸篮内壁提前刷薄薄的一层油，间隔摆入藕盒。

10. 空气炸锅 200℃预热 3 分钟，放入炸篮，设定烘烤 15 分钟。烤到 7 分钟的时候取出炸篮，用刷子在藕盒表面刷薄薄的一层油，放回去再烤 8 分钟。

作者君碎碎念

1. 莲藕片要切得厚薄合适，太厚炸不透，太薄又容易碎，0.5~0.6 厘米最佳。

2. 蛋液面糊要裹两次，第一次是为了能粘住面粉，第二次是为了烘烤出酥皮。

3. 因为不是油炸的，所以成品的外壳与油炸后的皮略有不同，酥脆感差一些。

红薯奶酪球

分量：2 人份

蒸煮时间：30 分钟

烤制时间：190℃ 15 分钟

难易度：★

材料

红薯…………3 个
黄油…………20 克
洋葱…………1/3 个
火腿丁…………30 克
胡萝卜…………小半根
马苏里拉芝士碎…………30 克
鸡蛋…………1 个
面包糠…………1 小碗

作者君碎碎念

1. 红薯要彻底蒸熟压泥，口感才够细腻。

2. 面包糠可以换成白芝麻或椰蓉。如果没有马苏里拉芝士碎可以不加。

 做 法

1. 红薯上蒸锅蒸熟（约半小时），去皮，用擀面杖或勺子压成细腻的红薯泥备用。洋葱切碎，胡萝卜切成蓉状，火腿切丁。

2. 不粘锅中放入黄油块，小火加热至黄油变成液态。

3. 放入洋葱丁炒至半透明，再放入胡萝卜蓉翻炒，炒熟后盛出。

4. 将炒好的食材倒入红薯泥中，加入马苏里拉芝士碎和火腿丁抓匀。

5. 团成约 20 克大小的球状。

6. 挂一层鸡蛋液，再裹一层面包糠，放入炸篮中。空气炸锅 190℃预热 3 分钟，放入炸篮烤 15 分钟即可。

第二篇

爱吃肉 也可以吃得健康

　　心情不好或者压力很大的时候，往往感觉急需吃点什么来慰藉心灵，比如，好吃到令人飙泪的烤肉，想象一下那吱吱作响的烤肉声，就觉得口水都要流下来了。至于那些声称自己不爱吃肉的，大多数原因还是怕胖吧？没关系，空气炸锅就是各种肉类的脂肪过滤机，再肥腻的肉，只要经过它的压榨就会瘦身不少，让你吃肉没有后顾之忧。

奥尔良烤排骨

分量：2人份

腌制时间：4小时以上

烤制时间：180℃ 20~22分钟

难易度：★

 材料

猪肋排…………300 克

COOK100 奥尔良腌料…………25 克

1. 我用的是 COOK100 奥尔良腌料，加水调匀就可以，很方便。如果买不到，可以用细辣椒粉、桂皮、香叶、八角、料酒、生抽、白糖、蜂蜜、盐混合起来代替。

2. 排骨一定要冲洗干净，并用清水长时间浸泡出血水后再腌制，可以去掉排骨的腥味，还能使肉质软嫩。

3. 如果想更快入味，可以在肋排的两面都划上几道。

4. 因为排骨的大小和厚度不同，所以给出的烤制时间仅供参考。烤15分钟后抽出来看看上色情况，避免烤糊或者烤得太干。

 做法

1. 将奥尔良腌料放入盆中，加入等量的清水混合，放入排骨拌匀。

2. 将盆盖上保鲜膜，放入冰箱腌制 4 小时以上入味，过夜更好。

3. 将入好味的排骨放进炸篮里。空气炸锅180℃预热 3 分钟，放入炸篮烤 20~22 分钟即可。

蜜汁烤排骨

分量：2 人份

时间：180℃ 22 分钟

难易度：★

材 料

猪肋排…………500 克

大葱…………1 段

大蒜（切末）……3 瓣

料酒…………2 汤匙

自制烧烤酱…………3 汤匙

（自制烧烤酱做法见 p.23）

生抽、白糖……各 1 汤匙

蜂蜜、水………各 1 汤匙

熟白芝麻…………适量

作者君碎碎念

1. 如果没有烧烤酱，可以换成排骨酱或其他类似酱料。如果都没有，就用生抽加白糖来腌吧，味道也不错。

2. 烘烤时间与小排厚度和大小有关系，大家可以灵活调整。

3. 排骨表面烤得有些变干时就可以刷蜂蜜水，多刷几次，就会有油亮亮的蜜汁的感觉了。

做 法

1. 排骨切段，洗净沥干。将蜂蜜和水调好备用。

2. 排骨段放盆中，加入所有调料充分搅匀，盖上保鲜膜，放入冰箱冷藏腌制 4 小时以上。

3. 腌好的小排平铺入炸篮中，表面刷一层腌料汁。空气炸锅 180℃预热 3 分钟，放入炸篮烤 22 分钟。

4. 烤制期间每隔 7~8 分钟抽出一次炸篮，在排骨表面刷一次蜂蜜水，临出锅前 5 分钟撒点熟白芝麻，烤到时间结束即可。

夹馅烤排骨

清蒸排骨、红烧排骨等做法很常见，但像夹心饼干一样带馅儿的排骨你吃过吗？填上自己喜欢的馅儿，然后把排骨油炸一下，就是这款色泽金黄，内有乾坤的排骨啦。

分量：1 盘

烤制时间：200℃ 10 分钟

难易度：★★

材 料

猪肋排…………10 段
葱段…………3~4 小段
陈皮…………1 汤匙
花椒粒…………10 个
清水…………1 碗
鸡蛋…………1 个
面包糠………1 小碗

内 馅

红椒、黄椒……各 1/3 个
蟹味菇…………1 朵
西蓝花、盐……各少许
生抽…………1/2 汤匙
橄榄油…………1 汤匙

作者君碎碎念

1. 因为要填入馅料，所以最好选用骨头比较粗的肋排来做。

2. 排骨本身没有加调味料，所以填的馅料要以咸鲜口味为主。你也可以根据自己的喜好换成其他馅料。

3. 烤制时无需抹油，空气炸锅会把排骨内部的油脂逼出来，达到油炸的效果。

做 法

1. 排骨浸泡出血水，冲洗干净。

2. 锅中加水烧热，放入葱段、陈皮、花椒、排骨，大火烧开后改小火，煮约 2 分钟。

3. 捞出排骨，过凉水降温后沥干，将骨头和排骨肉完整分离。

4. 彩椒去蒂、籽，切丁。西蓝花切丁。蟹味菇切丁。炒锅放油烧热，倒入上述材料翻炒。

5. 倒入少许生抽，将食材炒熟，加盐调味，盛出放凉。

6. 把炒好的馅料塞进刚才抽出骨头的排骨肉中，放进鸡蛋液里蘸满蛋液。

7. 放进面包糠里裹一层面包糠，平铺放进空气炸锅的炸篮中。

8. 空气炸锅200℃预热 3 分钟，然后放入炸篮烤10分钟就可以出炉。

话梅烧排骨

分量：2人份

腌制时间：30分钟

烤制时间：180℃ 20分钟

难易度：★★

材料

猪肋排…………500 克

料酒…………1 汤匙

葱段、葱花………各少许

姜…………2~3 片

盐…………1/2 茶匙

淀粉…………6 克

话梅汤汁

话梅………12 颗

清水………200 克

生抽………10 克

白糖………20 克

醋………8 克

淀粉………10 克

水………15 克

做法

1. 排骨斩块，洗净后沥干，加入料酒、盐、葱段、姜片、淀粉拌匀，腌制30分钟。

2. 腌好的排骨放入炸篮里，放入空气炸锅中，设置180℃烤20分钟，盛出来备用。烤到排骨外皮酥脆，里面的油水也都烤出来即可。

3. 话梅放入锅中，加水煮开，改小火煮15分钟，煮到话梅水变得浓稠，将话梅捞出。

4. 话梅水倒入锅中，中火加热，加入生抽、醋、白糖拌匀，加入淀粉水勾芡成较稠的汤汁。

5. 放入刚才烤好的排骨，翻拌均匀，让排骨都能均匀蘸上汤汁。

6. 再放入煮好的话梅肉拌匀，大火收汁即可，出锅前撒葱花。

分量：1 人份

腌制时间：1 小时

烤制时间：200℃ 13 分钟

难易度：★

材料

新鲜排骨…………10 块
葱片、姜片……3~4 片
八角…………2 个
香叶…………2 片
料酒…………1 汤匙
盐…………1 茶匙
清水…………2 大碗
花椒粉、五香粉…各 1/2 茶匙

杏仁脆皮

面粉、淀粉……各 20 克
盐…………1 克
玉米油…………10 克
杏仁片…………1 小碗、

杏仁脆皮排骨

作者君碎碎念

1. 因为外部裹的杏仁片烤制时间一长就容易变焦，所以要将排骨提前用水煮过，可以大大缩短烤制时间。

2. 脆皮面糊用空气炸锅烤出来不会特别脆，但用油炸就会有一层明显的脆皮，只是油分会增加不少。

做法

1. 排骨用清水长时间浸泡去血水，洗净沥干。将除排骨外其他材料放入盆中拌匀，再放入排骨拌匀，腌制 1 小时入味。

2. 锅中放水烧开，把排骨连同腌料一起倒入锅中，煮开后再煮 3 分钟。捞出沥干。

3. 准备脆皮面糊：将面粉、淀粉、盐放入盆中混合，加入 30 克清水调成糊状，加入玉米油拌匀。

4. 排骨放入面糊中，均匀地裹上一层。

5. 再滚上一圈杏仁片。

6. 将排骨平铺放入炸篮中。空气炸锅 200℃预热 3 分钟，放入炸篮烤 13 分钟即可。

蒜香烤排骨

分量：2 人份

时间：180℃ 16~18 分钟

难易度：★

材料

新鲜排骨…………10 块

大蒜…………1 头

白糖…………1/2 汤匙

红辣椒…………2~3 个

面包糠…………1 小碗

料酒、生抽、蚝油…各 1 汤匙

作者君碎碎念

1. 这道排骨的特点是蒜香浓郁，所以可以多放大蒜，有蒜蓉酱的话可以加些进去，效果更好。最后烤出来的大蒜也很好吃，搭配排骨一起吃，可以去除排骨的油腻感。

2. 在排骨表面刷腌料汁，可以让外面的脆皮也变得有滋有味。

3. 排骨腌制最好不要少于 3 小时，有条件的话腌制过夜更佳。

做 法

1. 排骨浸泡去血水，沥干，加入料酒、生抽、蚝油、红辣椒圈、大蒜、白糖，用手抓匀，腌制 3 小时以上入味。

2. 腌好的排骨表面滚上一层面包糠，平铺放入炸篮中，把腌排骨的大蒜放于其上。

3. 用刷子在排骨上薄薄地刷一层腌排骨的腌料。

4. 空气炸锅 200℃预热 3 分钟，放入炸篮烤 16~18 分钟，至排骨表面呈金黄色即可出锅。

主 料

猪蹄…………2 个

卤制材料

料酒………1 汤匙	香叶…………2 片
老抽………1 汤匙	葱…………4 小段
八角………2 个	姜…………4 片
花椒………1 汤匙	冰糖………20 克
生抽………1 汤匙	盐…………1 茶匙
桂皮………1 段	清水…………2 碗

烧烤材料

孜然粒、孜然粉、五香粉…各 1/2 茶匙
辣椒粉…………1/3 茶匙

 作者君碎碎念

1. 卤好的猪蹄不要急于拿出，放在锅里浸泡以
   进一步入味，过夜最好。

2. 卤好又烤制的猪蹄表皮焦香，外酥里嫩。

做 法

1. 把猪蹄清洗干净，斩成小块，放入凉水锅中烧开，
   沸滚 5 分钟后捞出沥干。将吸附在猪蹄表面的浮
   沫等清理干净，残留的毛桩要全部剔除干净，夹
   缝中的藏垢也要清理净。

2. 将猪蹄放入压力锅中，加入所有的卤制材料炖至
   上色、变软。如果用普通锅，需要煮 1 小时以上入味。

3. 炖好的猪蹄留在高压锅里浸泡 40 分钟后捞出沥
   干，放入炸篮中。

4. 猪蹄上撒辣椒粉、五香粉、孜然粉、孜然粒，将
   炸篮放入炸锅中，200℃烤 10 分钟即可。

麻辣烤猪蹄

分量: 2 个

烤制时间: 200℃ 10 分钟

难易度: ★★

蜜汁烤猪腰

分量：1 盘

烤制时间：180℃ 12 分钟

难易度：★

材料

新鲜猪腰………400 克
青椒…………半个
料酒…………1 汤匙
姜片…………4 片
COOK100 蜜汁调味料……30 克
辣椒粉、五香粉…各 1/3 茶匙
孜然粉…………1/3 茶匙
孜然粒…………1/2 茶匙

作者君碎碎念

1. 要把猪腰上的筋膜和白色部分
去除干净，泡水的时候要勤换
水，有助于减轻异味。

2. 腰花下面铺青椒，一来可以接
住烤出的汤汁，增加菜的风味；
二来可以减轻猪腰的腥味。可
以换成尖椒，或者不铺也可以。

做法

1. 猪腰对半切开，将白色部分仔细去掉，用
清水浸泡 1 小时，捞出沥干。

2. 将猪腰斜切到一半的深度，不要切断，旋
转 90℃继续斜切，每隔一刀切断一下，腰
花就切好了。

3. 腰花放盆中，加入料酒、姜片拌匀。

4. 将蜜汁烤肉料倒入碗中，加入同等重量的
清水拌匀，放入腰花拌匀，放入冰箱冷藏 1
小时以上入味。

5. 青椒切条，平铺放入炸篮中，放上腰花。

6. 将五香粉、辣椒粉、孜然粉、孜然粒拌匀，
在腰花、青椒条上撒一层。空气炸锅 180℃
预热 5 分钟，放入炸篮烤 12 分钟即可。

分量：1 盘

腌制时间：30 分钟

烤制时间：180℃ 10 分钟

难易度：★

材 料

猪肝…………400 克
青椒、红椒………各半个
葱段…………4~5 小段
自制烧烤酱…………1 汤匙
（自制烧烤酱做法见 p.23）
五香粉…………1/3 茶匙
孜然粉、孜然粒、盐…各 1/2 茶匙

作者君碎碎念

1. 猪肝烤前已煮过，所以烤 10 分钟即可，时间太长会把猪肝烤老，口感变差，并且配菜的青红椒丝也会烤得很干。

2. 猪肝胆固醇含量较高，不宜多吃，每星期一次较为适宜。

做 法

1. 猪肝用淡盐水充分浸泡以去除血水，切片，再冲洗干净。

2. 将猪肝片下冷水锅煮至表面变色，撇去浮沫，捞出沥干。

3. 将猪肝片放进大碗中，放入葱段、自制烧烤酱、孜然粉、五香粉、孜然粒、盐，充分拌匀，腌制半小时入味。

4. 青椒、红椒分别洗净，去蒂，切丝，放入腌好的猪肝中拌匀。

5. 放入炸篮内，平铺。空气炸锅 180℃预热 5 分钟，放入炸篮，180℃烤 10 分钟即可。
烤 5 分钟时抽出炸篮翻拌一下，使其受热均匀。

分量：1 人份

烤制时间：200℃ 7~8 分钟

难易度：★

材料

培根…………8 片

金针菇…………1 小把

自制烧烤酱………1 汤匙

（自制烧烤酱做法见 p.23）

作者君碎碎念

1. 大家用的培根厚度和大小不同，所以给出的时间仅供参考，注意别烤得太干。

2. 除了金针菇，也可以卷圣女果、芦笋、黄瓜等其他果蔬来烤。

做 法

1. 金针菇洗净，切掉根部。培根从中间一切两半。

2. 取一段金针菇，用培根包起来。口味重的，可以在包之前给金针菇涂抹点烧烤酱，或者撒点黑胡椒粒。

3. 卷好后用牙签固定，再在表面刷一层烧烤酱。金针菇两端露出来的部分也刷一下入味。

4. 全部卷好后平铺进炸篮里。空气炸锅 200℃预热 3 分钟，放入炸篮烤 7~8 分钟就可以出炉了。因为培根本身有油脂，所以不需要再刷油。

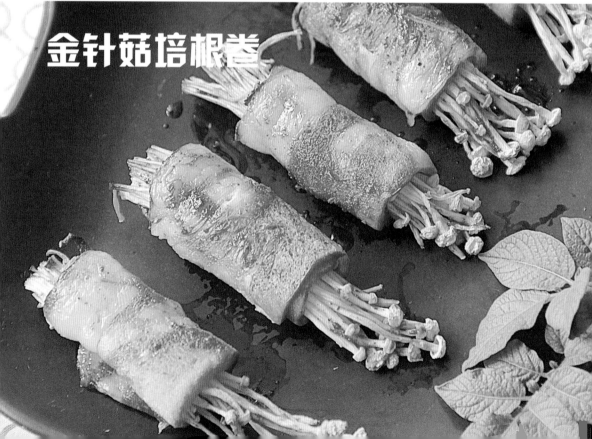

金针菇培根卷

培根奶酪芦笋

分量：2 人份

烤制时间：180℃ 8 分钟

难易度：★

材 料

芦笋…………8 根
培根片、芝士片……各 4 片
清水…………少许
黑胡椒碎…………1/2 茶匙

作者君碎碎念

1. 芝士片用市售的即可，切片时要比培根片窄一些，否则遇热后培根缩小，芝士会熔化流淌出来，粘到炸篮上。

2. 培根本身有咸味，所以只撒点黑胡椒碎调味就行了，不能吃辣的话可以省略黑胡椒。

3. 芦笋很嫩，烤久会变老，口感就不好了。芦笋过水后再烤会比较嫩，口感更好。

做 法

1. 芦笋洗净，把底部较老的部分切掉，入开水锅焯 20 秒后捞出，放入凉水中降温。

2. 培根片和芝士片分别对半切开。

3. 培根片平铺，上面铺上芝士片，放上 2 根芦笋，卷成卷。

4. 全部卷好后平铺放入炸篮中，撒些现磨的黑胡椒碎。

5. 空气炸锅 180℃预热 3 分钟，放入炸篮烤 8 分钟即可。

孜然牙签肉

分量：2 人份

腌制时间：2 小时

烤制时间：200℃ 10 分钟

难易度：★

材料

猪颈背肉…………500 克

葱段…………4~5 小段

大蒜…………1 头

五香粉、盐…………1/2 茶匙

料酒、生抽…………各 1 汤匙

孜然粉、孜然粒……各 1 茶匙

作者君碎碎念

1. 猪肉可以用颈背肉，稍微带些肥肉，吃起来更香。不喜欢肥肉的可以直接用里脊肉。

2. 夏天烤的话建议穿一些蒜瓣，降低油腻感的同时还能杀菌、消毒，保护肠胃。

3. 牙签提前用清水泡，烤的时候不容易变黑。

做法

1. 牙签放清水中泡半小时。

2. 猪肉用清水浸泡半小时，切成拇指指头大小的肉块，放入盆中，加入葱段、料酒、生抽、孜然粉、五香粉、蒜瓣，用手充分搅拌均匀，腌制 2 小时。

3. 将腌好的猪肉块穿到牙签上，肉块之间可以穿 1 颗蒜瓣。

4. 穿好的牙签肉平铺到炸篮里，撒上盐。空气炸锅200℃预热 3 分钟，放入炸篮烤 5 分钟，抽出炸篮撒孜然粉和孜然粒，推回去继续烤 5 分钟即可。

分量：8 块

腌制时间：12 小时以上

烤制时间：190℃ 25 分钟

难易度：★

材料

猪梅头肉…………500 克
李锦记叉烧酱………3 汤匙
味极鲜酱油………1 汤匙
料酒、蜂蜜………各 1 汤匙
蒜粒、葱白段………各少许

作者君碎碎念

1. 叉烧原料首选猪梅头肉，也可
   用三分肥七分瘦的猪颈背肉
   或者前腿肉代替。

2. 叉烧酱可自制：取料酒 1 汤匙、
   蚝油 1 汤匙、酱油 2 汤匙、红
   腐乳 1 块、细砂糖 45 克、五
   香粉 1/2 茶匙、蒜蓉 5 克、红
   腐乳汁 1 汤匙，混合即可。

蜜汁叉烧肉

做法

1. 猪肉洗净，沥干，顺着纹理切成差不多四
   指宽的长条状。

2. 猪肉倒入盆中，撒入蒜粒和葱白拌匀。

3. 再倒入料酒（用花雕酒更好）、叉烧酱、
   酱油、蜂蜜拌匀，放入密封盒里，盖上盖子，
   放进冰箱腌制一夜入味。

4. 空气炸锅抽屉里倒入少量清水。将叉烧去
   掉蒜粒和葱段，放入炸篮内平铺。

5. 叉烧表面刷一层腌制剩下的酱汁。空气炸
   锅 190℃预热 3 分钟，放入炸篮烤 25 分钟
   即可。过四五分钟就要拉出炸篮在叉烧上刷一
   层酱料。烤到 10 分钟的时候将叉烧翻一下，然
   后还是每隔四五分钟在表面刷一遍酱料，直到烤
   制时间全部结束。

彩椒酿肉

我特别喜欢这种颜色靓丽的菜，好像打翻了大自然的调色板一样。清甜多汁的彩椒搭配着可口下饭的茄汁肉馅儿，相信连蜡笔小新那样不爱吃青椒的孩子也会爱上吧。

- **分量**：1 人份
- **烤制时间**：180℃ 10 分钟
- **难易度**：★★

材料

猪瘦肉	400 克
鲜虾	6 只
彩椒	3 个
番茄	1 个
洋葱	1/3 个
番茄酱	1 汤匙
黄油	20 克
黑胡椒粉	1/2 茶匙
盐	1/2 茶匙
卡夫芝士粉	1 茶匙

作者君碎碎念

1. 猪肉可以换成鸡肉或者牛肉。
2. 肉馅先用番茄酱汁炒过再烤，要比生肉馅直接烤出来的好吃。如果嫌麻烦，也可以将肉馅腌制后填入彩椒内直接烤，但相应要将烤制时间延长一倍，同时彩椒会烤老，味道欠佳。
3. 新鲜的彩椒搭配着炒熟的肉馅一起烤，可以最大限度地保存彩椒本身的汁水，吃起来软嫩多汁，并且能够充分缓解肉馅的油腻感。

做 法

1. 鲜虾剥壳。彩椒洗净，对半切开，挖去籽。把猪肉粗略剁成肉糜状，放入虾仁一起剁碎。

2. 放入大碗里，加盐，用手抓匀。

3. 番茄和洋葱洗净，分别切成小丁。黄油切小块。

4. 炒锅烧热，放入黄油熔化至液态，加入洋葱丁炒到半透明状。

5. 加入番茄丁炒出汤汁，加入番茄酱翻炒均匀，再加入黑胡椒粉、盐调味。

6. 加入猪肉虾肉碎翻炒均匀，炒到水分渐渐收干时关火。

7. 将炒好的馅料填入彩椒内，放进炸篮中，注意要保持直立状态。

8. 空气炸锅 180℃预热 5 分钟，放入炸篮，180℃烤 10 分钟后取出，在肉馅表面撒卡夫芝士粉即可。

韩式辣酱烤里脊

分量：1人份

腌制时间：1小时以上

烤制时间：190℃ 10分钟

难易度：★

材 料

猪里脊肉…………500 克
韩式辣椒酱………2 汤匙
熟白芝麻…………1 茶匙
蒜…………5 瓣
姜…………2 片
葱段…………少许
生抽…………1 汤匙
料酒…………1 汤匙

作者君碎碎念

1. 如没有韩式辣椒酱，可用普通辣椒酱代替。如个人口味偏甜，还可加点糖或者蜂蜜，就变成泰式甜辣口味了。

2. 里脊肉很嫩，不要烤太长时间，肉容易发干。

3. 辣酱跟蒜蓉很配，所以腌肉时可以多加点蒜。喜欢吃烤蒜的可以加一些蒜瓣一起腌制，烤好后非常美味。

4. 如果嫌只吃肉太腻，可以用生菜叶等菜叶类包着一起吃。

做 法

1. 将里脊肉清理干净，顺着肉的肌理切成约 0.5 厘米厚的片。

2. 大葱切段，蒜切蒜粒，姜切丝。

3. 里脊肉片放入碗中，倒入料酒、生抽、葱段、姜丝、蒜粒，拌匀。

4. 最后放韩式辣椒酱用手抓匀，盖上保鲜膜腌制 1 小时以上。

5. 腌制好的里脊肉已经上色入味了。

6. 将里脊肉平铺放入炸篮内。空气炸锅 190℃ 预热 3 分钟后放入炸篮烤 10 分钟，出锅前撒点熟芝麻装饰。

主食材

猪排…………4 块

料酒…………1 汤匙

盐、白胡椒粉……各 1/2 茶匙

葱花、姜碎…………各少许

鸡蛋液…………少许

面粉…………20 克

面包糠…………1 小碗

酱汁

苹果…………1 个（约 130 克）

洋葱…………1/3 个

牛奶…………45 克

咖喱粉…………1 茶匙

盐…………1/2 茶匙

淀粉水…………适量

苹果咖喱汁烤猪排

做法

1. 猪排用肉锤或刀背拍打使组织松弛，放入葱花、姜碎、料酒、盐、白胡椒粉混匀，腌制 1 小时。

2. 腌好的猪排两面均匀拍上面粉，再依次裹上一层鸡蛋液、一层面包糠。

3. 将猪排平铺放到炸篮里。空气炸锅 190℃预热 5 分钟，放入炸篮烤 20 分钟至猪排全熟。

4. 苹果洗净，去皮、籽，用料理机打成泥。炒锅烧热油，加洋葱炒香，倒入咖喱粉炒匀。

5. 倒入苹果泥、牛奶、盐，煮至酱汁沸腾，加入淀粉水勾芡。

6. 煮到汤汁变浓稠时关火，趁热淋到烤好的猪排上即可。

铁棍山药肉丸

　　铁棍山药肉丸，是曾经有很多人排队购买的一款爆红食品。我也好奇，就排队买了一次，吃完后觉得不错，所以就有了这个空气炸锅版铁棍山药丸子。山药和肉馅做成丸子，增加营养的同时可以中和肉的油腻感，所以这个丸子堪称老少皆宜。

分量：约 25 个

烤制时间：185℃ 15 分钟

难易度：★★

材料

猪肉…………400 克

铁棍山药…………300 克

鸡蛋…………1 个（带皮约 50 克）

盐…………3 克

白胡椒粉…………1 茶匙

料酒…………1 汤匙

生抽…………2 汤匙

淀粉…………适量

葱花、蒜末…………各少许

作者君碎碎念

1. 如果想增加山药的分量，可以按肉馅和山药 1:1 的比例，但鸡蛋就不用加了，否则肉馅会比较稀，难成型。

2. 肉馅的口味可以灵活调整，比如做成五香味、咖喱味或者孜然味等等。调完肉馅后最好取少许炒锅里炒熟，尝尝咸淡。

3. 如果改用油炸，可以加大山药的比例，因为就算肉馅较稀也不要紧，一下油锅就会定型。用空气炸锅做的话肉丸需要团成团后再烤，所以肉馅不可太稀。

4. 空气炸锅会把肉里的油水给逼出来，所以不用给丸子刷油。

5. 烤制时间和温度都是以我自己的机器为标准的，大家的机器温差不同，要灵活调整，以免烤糊。

 做法

1. 山药洗净，去皮，切小段，上蒸锅大火蒸熟（约 15 分钟），用擀面杖或勺子压成泥状。

2. 猪肉绞成肉馅，放入熟山药泥混合。

3. 磕入鸡蛋，倒入料酒、盐、生抽、白胡椒粉、葱花、蒜末，顺着一个方向搅拌至上劲。

4. 加入适量淀粉，继续朝着一个方向搅打上劲。淀粉的添加量以使肉馅能团成团为准。

5. 往手上涂点油防粘，将肉馅用手团成比乒乓球略小的丸子，放入炸篮内。尽量将肉丸团成相同大小，可以同时烤熟，烤出来颜色均匀。

6. 空气炸锅 185℃预热 3 分钟后，放入炸篮烤 15 分钟即可。最后几分钟要注意检查肉丸的颜色，想吃焦一些的时间可以长点，想吃嫩一些的看到丸子表皮呈金黄色时拿出。

肉末酿苦瓜

分量：1 人份

烤制时间：185℃ 13 分钟

难易度：★

材料

苦瓜…………1 根
猪肉馅…………150 克
蘑菇…………40 克
生抽…………1 汤匙
盐、自制鸡精………各 1/2 茶匙
（自制鸡精做法见 p.22）
枸杞…………8 颗

 作者君碎碎念

1. 苦瓜一定要把白瓤都去掉，并且要焯水，才不会太苦。
2. 经过高温烤制后的苦瓜颜色会有些变黄，如果想要绿色的可以改为清蒸。
3. 肉馅经过烤制会出油，也会缩小，所以填馅儿的时候可以多放些，避免烤制后塌陷。

做法

1. 苦瓜洗净，切成段，把白色的瓜瓤掏干净。

2. 将苦瓜圈放入开水锅中焯水，捞出备用。

3. 猪肉剁成馅，蘑菇切碎，将二者混合。

4. 加入生抽、盐、鸡精拌匀，顺着一个方向搅拌成馅。

5. 苦瓜圈里塞入适量猪肉馅，放入炸篮里。

6. 空气炸锅 185℃预热 3 分钟，放入炸篮烤 13 分钟出锅，放上泡发的枸杞粒装饰即可。

菠萝糖醋肉

分量：2 人份

烤制时间：第一次 180℃ 10 分钟

第二次 190℃ 8 分钟

难易度：★

材料

猪梅头肉…………400 克

菠萝丁…………40 克

料酒、生抽、蜂蜜……各 1 汤匙

番茄酱…………2 汤匙

盐…………1 茶匙

自制烧烤酱……1 汤匙

（自制烧烤酱做法见 p.23）

调料汁

菠萝汁…………3 汤匙

番茄酱、香醋………各 1 汤匙

白糖、淀粉………各 1/2 汤匙

作者君碎碎念

1. 用猪梅头肉最好，没有的话里脊肉也可以，需先烤八分熟后再加糖醋调料汁继续烤。

2. 菠萝块烤的时间长了容易烤干，所以要晚下锅，烤出来香甜多汁，口感极好。

3. 自制烧烤酱可用市售烤肉酱或生抽代替。

做法

1. 猪肉切成块，淋入番茄酱、料酒、盐、生抽、自制烧烤酱和蜂蜜，用手抓匀，腌制 1 小时以上入味。

2. 腌好的肉放入空气炸锅自带的小锅或耐高温焗碗内。空气炸锅 180℃预热 5 分钟，放入小锅烤 10 分钟。

3. 菠萝切小块。将调料汁所有材料放入碗中拌匀。

4. 菠萝块倒入小锅内，倒入调好的调料汁，与肉块一起拌匀。将小锅放回空气炸锅中，温度设置 190℃再烤 8 分钟即可。

1

2

3

4

瑞典肉丸子

宜家的招牌美食瑞典肉丸是很多人的心头好。香气浓郁的大肉丸配上香醇的特制酱汁,简直是无法抗拒的美味。

瑞典肉丸的传统做法是要把丸子先油炸,这款采用免油炸的低脂做法,让怕胖的人也可以放心吃。

分量：约 14 个

烤制时间：第一次 180℃ 10 分钟

第二次 160℃ 10 分钟

难易度：★★

肉丸材料

牛肉、猪肉……各 200 克

面包糠…………15 克

洋葱…………1/3 个

鸡蛋…………2 个

盐、黑胡椒粉……各 1 茶匙

姜黄粉…………1/2 茶匙

酱汁材料

西红柿…………2 个

洋葱…………1/3 个

黄油…………25 克

番茄酱、植物油……各 1 汤匙

清水…………1 碗

盐…………1/2 茶匙

白糖…………1 茶匙

作者君碎碎念

1. 牛肉和猪肉比例为 1:1 时口感最好。面包糠一定要放，如果没有，用切碎的吐司代替也可以。

2. 因为肉馅中本就有很多油脂，通过空气炸锅中热风的烘烤，丸子本身的油脂会被烤出来流到锅底，从而实现类似油炸的效果。

3. 加入酱汁后进行二次烘烤，一来是为了入味，二来是为了让丸子有嚼劲。如果不喜欢酸甜口味的酱汁，也可以换成等其他酱汁。

4. 烘烤时间需根据肉丸大小灵活调整。

做 法

1. 牛肉和猪肉分别剁成糜状，然后混合在一起，用筷子顺一个方向搅拌，让两种肉充分混合。

2. 肉糜中磕入鸡蛋，加入面包糠、洋葱丁、黑胡椒粉、姜黄粉、盐，用手抓匀后继续用筷子搅打上劲。

3. 用手团成每个 35 克的丸子，放入炸篮中。空气炸锅 180℃预热 5 分钟，放入炸篮烤 10 分钟。

4. 准备酱汁：西红柿去皮后切丁，洋葱切丁。

5. 炒锅烧热，放入黄油化成液态，倒入洋葱丁炒至半透明。

6. 倒入番茄丁、番茄酱，翻炒出汤汁，再加入清水熬煮到汤汁变得浓稠，加盐和白糖调味即可。

7. 把烤好的肉丸放进小锅或耐高温的碗中，倒入熬好的酱汁，让每一个丸子都能均匀蘸上酱汁。

8. 放回空气炸锅中，160℃再烤 10 分钟后就可以出锅了。烤制过程中要将丸子翻一次面，使两面都可以烤到。

香烤五花肉

分量：2 人份

烤制时间：180℃ 20 分钟

难易度：★

材料

猪五花肉·········300 克

洋葱·········半个

料酒·········1 汤匙

自制烧烤酱·········2 汤匙

（自制烧烤酱做法见 p.23）

五香粉·········1/2 茶匙

盐·········1/2 茶匙

姜丝·········少许

熟白芝麻·········10 克

作者君碎碎念

1. 五花肉本身偏肥，所以要尽量买好一点的肉，不光是吃起来口感好，肉质方面也比较放心。

2. 五花腌制的时间一定要 2 小时以上，如果天气比较热，可以盖上保鲜膜放入冰箱冷藏腌制。

3. 最好能自制烧烤酱，来不及就用市售的烤肉酱来做也不错。

做法

1. 将五花肉洗净、切片，放碗中，依次加入料酒、姜丝、烧烤酱、五香粉、盐，翻拌均匀。

2. 倒入熟白芝麻拌匀，再腌制 2 小时以上入味。

3. 将洋葱剥去外皮，洗净，切丝。

4. 将洋葱丝平铺在不粘炸篮上。铺的时候底部要留点缝隙，避免挡住热风循环。

5. 将腌好的五花肉铺在洋葱上，剩下的腌料汁也别浪费，可以倒在肉上，或者用刷子在肉的表面刷一层。

6. 空气炸锅 180℃预热 3 分钟，放入炸篮烤20 分钟。五花肉上的油脂很多，在高温烘烤的过程中油水会渐渐被"逼"出来，混合着汤汁的味道，浸透铺在最底层的洋葱丝，十分美味。

土豆烧牛肉

份数：1 份

腌制时间：2 小时

烤制时间：190℃ 15 分钟

难易度：

 材 料

牛里脊肉…………400 克

香葱…………小半根（切段）

姜…………2~3 片

料酒…………1 汤匙

自制烧烤酱…………1 汤匙

（自制烧烤酱做法见 p.23）

土豆…………1 个

胡萝卜…………半根

洋葱…………1/3 个

作者君碎碎念

1. 因为牛肉是生烤的，且只烤一次，所以要选用肉质最嫩的牛里脊部分来做，否则烤熟后会非常硬而难以咬动。

2. 土豆和胡萝卜直接烤会比较难熟，需要先煮到八分熟后再烤。

3. 洋葱有一种辛辣的气味，在烤牛肉时放一些，可以去除膻腥味，增加菜肴的香味。

做 法

1. 牛肉用清水浸泡去血水，洗净，切丁，放盆中，加入葱段、姜片、料酒、自制烧烤酱，用手抓匀，腌制 2 小时入味。

2. 将土豆和胡萝卜切块，洋葱切片。

3. 土豆和胡萝卜用水煮到八分熟，拌入腌制的牛肉中略入味。

4. 炸篮内先铺入一层洋葱片，再放入拌好的土豆牛肉块。空气炸锅 190℃预热 5 分钟，放入炸篮烤 15 分钟即可。中间可以翻动一次。

五香麻辣牛肉干

├── 分量：1人份

├── 腌制时间：3小时以上

├── 烤制时间：130℃ 8分钟

└── 难易度：★★

腌制材料

黄牛后腿肉…………400 克
香葱…………10 小段
姜片…………6 片
料酒、生抽、白糖…各 1 汤匙
老抽…………1/2 汤匙
盐、五香粉…………各 1 茶匙
花椒粉…………1/2 茶匙
辣椒碎…………1 茶匙

炒制材料

桂皮…………1 段
姜、香叶…………各 3 片
白糖、花椒…………各 1 茶匙
五香粉、孜然粉…………各 1 茶匙
植物油…………1/2 汤匙

 做 法

1. 将牛后腿肉清理干净，顺纹理切成小拇指粗的长条，放入清水中浸泡 1 小时，沥干。

2. 牛肉条中放入葱段、姜片、料酒、生抽、老抽、盐、五香粉、花椒粉、辣椒碎、白糖，充分翻拌匀，腌制 3 小时以上入味。

3. 炒锅放油烧热，放入姜片、花椒、桂皮、香叶爆香，加入腌好的牛肉条快速翻炒。

4. 牛肉会逐渐炒出很多水来，不停地翻炒使其入味，一直炒到汤汁渐渐收干，盛出放到大碗中。

5. 加入五香粉、孜然粉、白糖和少许植物油拌匀，平铺放入炸篮中，再放入空气炸锅里，130℃烘烤 8 分钟就可出锅。要低温慢烤，将炒过的牛肉干水分烘干即可。温度不要过高，否则牛肉干会煳。

芝加哥牛排

分量：1 人份

腌制时间：2 小时

烤制时间：190℃ 15 分钟

难易度：★

材料

牛排…………1 块（约 500 克）
COOK100 芝加哥牛排调料…20 克
黑胡椒牛排酱…………少许
西蓝花…………2~3 朵
胡萝卜…………4 片
通心粉…………少许
意大利面酱…………少许

作者君碎碎念

1. 牛排选择菲力、肋眼、肋排、牛小排最好。

2. 牛排不用水洗，用厨房纸巾擦一下就可以了，目的是不冲散肉纤维，不冲淡牛肉味。当然如果比较介意那还是洗洗吧，记得用厨房纸巾擦干表面的水。

3. 牛排烤好后可以放置 5 分钟再吃，这样牛排的汁水会渗出来，口感更好。

做法

1. 牛排用厨房纸巾吸一吸表面的水分，将芝加哥牛排调味料均匀撒在牛排两面。

2. 用手按揉牛排使之入味，然后放入冰箱冷藏室腌制 2 小时以上入味。

3. 将牛排放入炸篮内。空气炸锅 190℃预热 5 分钟，然后烤 15 分钟左右。喜欢更熟一些的就延长 2~3 分钟。

4. 西蓝花和胡萝卜片洗净后煮熟，通心粉煮熟。上述材料放入盘中，拌入意大利面酱。旁边放牛排，淋上黑胡椒牛排酱即可。

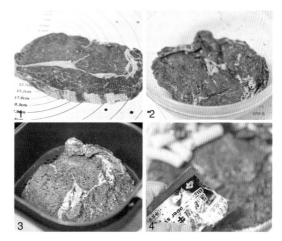

香烤羊肉串

分量：12 串

腌制时间：3 小时

烤制时间：200℃ 12~15 分钟

难易度：★

材料

羊肉…………500 克

葱段…………5 小段

姜丝…………少许

生抽…………1 汤匙

辣椒粉、五香粉………各 1/2 茶匙

盐、孜然粉、孜然粒……各 1 茶匙

作者君碎碎念

1. 烤羊肉串用羊里脊或后腿肉最好，肥瘦适中。不要用带筋的部位，不然烤好后会变得太硬而咬不动。

2. 切羊肉的时候要逆着纹理切，也就是和肌肉的纹理成 90° 角，切成大拇指第一指节大小即可，再小会容易烤干。

3. 羊肉是需要腌制的，但是最好不要放盐，提早放盐会让肉里的水分流失，让肉口感变老。撒盐后马上烤即可。

4. 羊肉串底下可铺一层洋葱丝。如果没有竹签，可将羊肉铺在炸篮里烤。

做法

1. 羊肉用清水浸泡半小时以上，洗净沥干，切成丁。

2. 羊肉丁放盆中，加生抽、葱段、姜丝、五香粉、孜然粉、辣椒粉、孜然粒，用手抓匀，腌 3 小时以上入味（若能腌制过夜更好），腌 2 小时后把葱挑出来扔掉。

3. 把腌好的羊肉丁穿到竹签上，放到铺了锡纸的空气炸锅抽屉内。

4. 表面撒点盐、孜然粉、孜然粒、辣椒粉，放入空气炸锅 200℃烤 12~15 分钟即可。中间取出翻一次面，出锅前 2 分钟再撒点孜然粒。

第三篇

烹制海鲜水产 锁鲜有魔法

　　烤海鲜，绝对是街头烧烤摊里的一道诱人的风景线，因为可以烤的海鲜种类简直太多了，从最常见的烤大虾、烤鱿鱼，到比较西式吃法的奶酪焗扇贝、柠檬烤鳕鱼……而这一切，小小的空气炸锅都能搞定。特别是鱼类，用空气炸锅来烤不会粘锅，又能锁住它鲜嫩的成分，堪称完美吃法。

麻辣烤鱼

分量：2 人份

腌制时间：1 小时

烤制时间：第一次 190℃, 30 分钟

第二次 190℃, 12 分钟

难易度：★★

热辣的天气里，烤鱼和啤酒才是绝配啊。作为一个烤鱼控，我走过不少城市、吃过各种风味的烤鱼，但最喜欢的，还是这源自"川蜀之国"的麻辣味烤鱼。

主料

新鲜草鱼…………1 条
葱段、姜丝……各少许
盐…………1/2 茶匙
料酒、植物油……各 1 汤匙

配菜

土豆…………半个
洋葱…………1/3 个
莴苣…………小半根
香菜…………1 小把
红辣椒…………6 个
豆瓣酱、花椒……各 1 汤匙
蒜…………6 瓣
植物油…………2 汤匙

作者君碎碎念

1. 烤鱼传统做法要先将鱼炸熟再烤，空气炸锅版则在鱼身抹一层油烤就可达到油炸效果。

2. 空气炸锅容积不大，所以烤鱼时要把鱼切成段，再剖成两半，既易入味又易熟。

3. 烤制时间可根据鱼的大小和厚度灵活调整。

4. 烤鱼的配菜比较灵活，可按自己的喜好更换。制作配菜的时候不用炒太熟，六分熟就好，炒好的汤汁和菜都倒在烤好的鱼身上，这样油可以渗透到鱼肉里，经过二次烤制后吃起来超级香。

5. 鱼的选择很多，喜欢有咬头的用黑鱼，喜欢嫩的用清江鱼，普通的用草鱼或者鲫鱼都可以。鱼肉最好从脊椎部分片成两半，比较容易烤熟。

做法

1. 草鱼去鳞、内脏，洗净，切成段，再横剖成两半。

2. 在鱼身上斜切几刀，方便腌制时入味。

3. 将鱼段放进大碗，加入葱段、姜丝、料酒拌匀，在鱼身上抹上少许盐，腌制 1 小时入味。

4. 空气炸锅 190℃预热。腌好的鱼身上刷一层植物油，放入炸篮中，再放入空气炸锅里，190℃烤30 分钟至鱼熟。此时鱼肉应是外脆里软的。

5. 土豆切片，洋葱切丝，莴苣切段。

6. 炒锅加油烧热，放蒜爆香，改小火，放入花椒粒、辣椒炒香。

7. 倒入豆瓣酱快速炒香，倒入 1 碗清水煮开，放入土豆片、莴苣、洋葱，煮至食材将熟时关火。

8. 空气炸锅抽屉里铺一层锡纸，放入烤好的鱼，倒入上一步煮好的配菜和汤汁，用筷子再略微拌匀一下，让鱼肉能均匀包裹上汤汁。抽屉放入空气炸锅，190℃烤 12 分钟即可出炉，吃之前撒香菜。

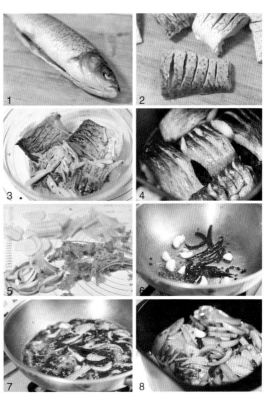

黄油柠檬烤鳕鱼

生活在深海冷水中的银鳕鱼，在欧洲被称为"餐桌上的营养师"。这种鱼肉质细嫩，口感甜滑，入口即化，有着独特的鲜香味。搭配黄油柠檬汁进行烤制，可以让鱼的风味更加突出。

> 分量：1人份
> 烤制时间：180℃ 25分钟
> 难易度：★

材 料

鳕鱼…………1块
黄油…………25克
柠檬…………半个
淀粉…………20克
盐、黑胡椒粉……各1/2茶匙

作者君碎碎念

1. 鳕鱼刷汁后拍上一层淀粉，可以防止煎或烤的时候鳕鱼不成形。

2. 具体的烘烤时间要根据鳕鱼块的厚度来决定，想吃嫩的烤20分钟即可。

3. 加入柠檬汁会让鳕鱼肉更加清香。提前用盐、黑胡椒粉、柠檬汁将鳕鱼腌制半小时以上再烤，鳕鱼入味更浓。

做 法

1. 将鳕鱼提前解冻，用厨房纸巾略吸干表面。

2. 黄油切块，隔水加热至呈液态，将柠檬汁挤进去混匀，即成黄油柠檬汁。

3. 将鳕鱼两面都刷上黄油柠檬汁。淀粉、盐、黑胡椒粉混匀，放入鳕鱼，将两面都裹上一层。

4. 将鳕鱼块平铺放入炸篮中，表面再刷一层黄油柠檬汁，撒上黑胡椒粉，放入空气炸锅180℃烤25分钟即可。

 材料

新鲜银鲳鱼…………2 条
盐…………1/2 茶匙
香葱…………半根
姜…………3~4 片
料酒、生抽……各 1 汤匙
柠檬汁…………3 滴
自制烧烤粉…………1 茶匙
（自制烧烤粉做法见 p.23）
葱花、蒜片…………各少许

作者君碎碎念

1. 如果有烤肉酱或者排骨酱，用来腌鱼也很好。鲳鱼腌制时翻几次面，入味更均匀。

2. 加柠檬汁是为了去腥味，如没有可以不加。

3. 如果想要烤鱼外壳更酥脆，可以放入鱼后在表面薄薄刷一层油，烤好后会有油炸的效果。

4. 撒在表面的烧烤粉量可以多些，如果没来得及做，就用五香粉、孜然粉代替，喜欢吃辣的还可以撒辣椒粉。

做 法

1. 鲳鱼洗净，去除肚、肠、鳃，鱼身两面划网格状花刀。

2. 将鱼放入大碗中，加葱段、蒜片、姜片、料酒、生抽、盐拌匀，滴柠檬汁再拌匀，腌 1 小时以上入味。

3. 腌好的鲳鱼放入炸篮中，将葱段、蒜片铺在鱼身上，表面撒上烧烤粉。

4. 空气炸锅 180℃预热，放入炸篮，180℃烤 12 分钟，撒上香葱即可出锅。

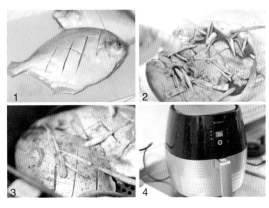

家常烤鲳鱼

分量: 2 条

腌制时间: 1 小时

烤制时间: 180℃ 12 分钟

难易度: ★

蜜汁鳗鱼饭

分量：1 人份

腌制时间：1 小时

蒸制时间：10 分钟

烤制时间：200℃ 8 分钟

难易度：★ ★ ★

夏天是我们在街边吃烤串的季节。而在日本，夏天就是吃烤鳗鱼饭的季节。肥肥的鳗鱼，静静地趴在香嫩的米饭上，再淋上浓厚的酱汁，那味道真是想想都流口水。

材料

鳗鱼…………4 条
现煮白米饭…………1 碗
白糖、生抽………各 1 汤匙
老抽、米醋………各 1/2 汤匙
料酒…………1 汤匙
白胡椒粉…………1/2 茶匙
姜片…………2 片
蒜…………2 瓣
洋葱丝、熟白芝麻……各少许
海苔…………1 片
鸡蛋…………半个

酱料汁

生抽、蜂蜜、清水……各 1 汤匙
黑胡椒粉…………1/3 茶匙

作者君碎碎念

1. 为了让鳗鱼达到最佳口感，我采用了先蒸后烤的手法，这样外面一层是酥脆的，里面是滑嫩的。你也可以腌制后刷酱料直接烤，但味道就略逊于这种做法了。

2. 鳗鱼尽量买个头大一些的，不然切段后太小，不美观。

3. 最后烤制的时间根据大家用的鳗鱼段大小灵活调整。烤制期间可以多刷几次酱料，就会有那种浓郁的蜜汁烧烤味了。

 做 法

1. 将鳗鱼去头、内脏，清理干净，从肚子中间剖开，切成段。

2. 鳗鱼段放入容器中，加入白糖、料酒、生抽、老抽、姜片、蒜片、米醋、白胡椒粉拌匀，腌制 1 小时。

3. 腌好的鳗鱼段穿上牙签，放进蒸锅里大火蒸约 10 分钟至熟。鳗鱼段穿上牙签，可以避免烤的时候卷起来。

4. 将酱料汁的所有材料放入盆中拌匀。炸篮内铺上一层洋葱丝，把鳗鱼段的两面都均匀刷上拌好的酱料汁后铺在洋葱丝上。

5. 炸篮放入空气炸锅中，200℃烤 8 分钟即可出锅，出锅前撒少许熟白芝麻装饰。烤制过程中可以抽出炸篮，在鳗鱼上再刷一次酱料汁。

6. 海苔剪条状。鸡蛋摊成蛋皮，也切条。

7. 刚煮好的白米饭上放海苔丝和蛋皮丝，再盖上烤好的鳗鱼即可。

咖喱带鱼

分量：2 人份

腌制时间：1 小时

烤制时间：200℃ 15 分钟

难易度：★

材料

刀鱼…………4 条

姜片…………3~4 片

咖喱粉…………1 茶匙

盐…………1/3 茶匙

辣椒碎…………1/2 茶匙

葱段、香葱碎…………各少许

料酒、生抽、植物油…………各 1 汤匙

做法

1. 刀鱼洗净，去头、内脏，切成长约 5 厘米的段。

2. 将刀鱼段放进大碗里，放入葱段、姜片、料酒拌匀，腌制半小时。

3. 加入生抽、咖喱粉、盐拌匀，继续腌制 1 小时入味。

4. 炸篮内壁上薄薄地涂一层油，放入刀鱼段，在鱼段表面刷油，再撒点辣椒碎。炸篮放入空气炸锅，200℃烤 15 分钟即可，出锅前撒香葱碎。刀鱼皮比较薄，容易破，所以烤好后要用木铲轻轻铲起再拿。

作者君碎碎念

1. 刀鱼通常腥味较重，所以要先用料酒和葱、姜腌制以去腥气。咖喱粉的味道也能很好地中和鱼的腥味。

2. 刀鱼本身所含油脂非常少，所以要在空气炸锅内壁上和鱼身上分别涂一层油，可同时起到油炸和防粘的效果。

 材料

龙利鱼肉…………300 克

鸡蛋…………1 个

洋葱…………1/4 个

胡萝卜…………1/3 根

豌豆…………25 克

蚝油…………1 汤匙

黑胡椒粉、盐……各 1/2 茶匙

玉米淀粉…………20 克

香葱碎、泰式甜辣酱……各少许

作者君碎碎念

1. 龙利鱼也可以换成其他刺比较少的鱼。鱼肉要搅打上劲，做好的鱼饼口感才会筋道有弹性。

2. 腌制鱼肉泥的配料可以加入烤肉酱或叉烧酱之类你喜欢的酱汁。

3. 烘烤的时间和温度根据大家做的鱼肉饼厚度灵活调整。

4. 如果想让鱼饼表面有油炸的效果，可以刷一层薄薄的食用油再烤。

 做 法

1. 将龙利鱼肉剁成泥状。新鲜的龙利鱼需要清理去骨，如买到的是冷冻龙利鱼则解冻后可以直接用。

2. 鸡蛋打散，洋葱切丁，胡萝卜切碎，三者一并放入鱼肉泥中，倒入打散的鸡蛋，加入豌豆。

3. 加入蚝油、黑胡椒粉、盐、香葱碎、玉米淀粉拌匀，用筷子朝着一个方向搅打上劲。

4. 分成约 35 克的小份，按压成饼状，放入内壁抹了一层油的炸篮中。空气炸锅 185℃预热 5 分钟，放入炸篮烤 18 分钟至鱼饼表面呈金黄色即可。鱼饼刚烤好时比较嫩，所以取的时候要用木铲慢慢铲下来，吃之前表面再淋上少许泰式甜辣酱。

泰式烤鱼饼

分量：约 15 个

烤制时间：185℃ 18 分钟

难易度：★

糖醋鱼柳

这道糖醋鱼柳很适合给害怕被鱼刺扎到的小孩子吃，而且糖醋味道会受绝大多数孩子喜爱。

分量：2人份

烤制时间：第一次 190℃ 15分钟

第二次 200℃ 5~6分钟

难易度：★★

材料

龙利鱼肉…………400 克

蛋清…………1 个

食盐…………1/2 茶匙

白胡椒粉…………1/2 茶匙

淀粉…………20 克

泰式甜辣酱…………1 汤匙

番茄酱…………1 汤匙

白糖…………1 茶匙

米醋…………1 汤匙

熟白芝麻…………适量

 做 法

1. 用厨房纸巾将鱼肉表面水分略吸干，切成条状，倒入蛋清液、盐、白胡椒粉拌匀。

2. 倒入淀粉，用手抓匀，让鱼肉充分蘸满淀粉。

3. 将鱼条放入炸篮内，尽量平铺。空气炸锅 190℃ 预热，放入炸篮烤 15 分钟，让鱼条表面收成硬壳。

4. 将泰式甜辣酱、番茄酱、白糖、米醋混合拌匀成糖醋汁。

5. 将炸好的鱼条轻轻取出，放入空气炸锅随带的小锅内。

6. 倒入调好的糖醋汁拌匀，让所有鱼条都均匀包裹上糖醋汁，再撒点熟白芝麻，放入空气炸锅 200℃烘烤 5~6 分钟即可。

 作者君碎碎念

1. 可以换成其他鱼刺同样比较少的鱼来做。我用的是冷冻的龙利鱼肉，所以化冻后洗干净就可以用了。如果用新鲜的龙利鱼，就要先去鱼刺。

2. 泰式甜辣酱在超市里可以买到，若没有也可以不加。如果想让糖醋汁更浓郁，可以先用炒锅将番茄汁加白糖和醋炒一下，之后倒入淀粉水勾芡，再倒在炸好的鱼柳上烘烤。

3. 鱼柳切开后用调料腌制一下，不但可以去腥味，还能给鱼柳提味。

熏小黄花鱼

去大酒店吃饭或者参加婚宴，常会碰到一道名为熏黄花鱼的小凉菜。这道菜如果做好了，是肉质鲜嫩、口感酥香，让人欲罢不能的。但因为小黄花鱼油炸时特别容易碎，所以成品总是不太完美。换用空气炸锅来做，就完全不必担心这个这个问题。

分量：3 人份

烤制时间：200℃ 14~15 分钟

腌制时间：12 小时以上

难易度：★★

主食材

小黄花鱼…………15 条

虾皮…………90 克

花生油…………70 克

葱段…………4~5 小段

小茴香…………1/2 茶匙

蒜瓣…………2 个

姜片…………3~4 片

香叶…………3 片

花椒…………1 汤匙

八角…………3 个

白糖…………20 克

料酒…………15 克

生抽、清水………各 30 克

作者君碎碎念

1. 炸过的虾皮很香，可以直接吃或者做凉拌菜吃。

2. 因为每个人口味不同，熬制熏鱼调味汁时可以尝一下，然后根据自己喜好加盐或糖。

3. 做好的熏鱼无需加热，可以直接吃。

做法

1. 小黄花鱼清洗干净，去鳞、内脏，剪掉头部。

2. 将小黄花鱼平铺放入炸篮中，表面薄薄地刷一层油。空气炸锅 200℃ 预热 3 分钟，放入炸篮烤 14~15 分钟后出锅。烤好的鱼表面完整、口感酥脆，比油炸的省油且外形完整。

3. 炒锅中倒油，小火烧热，放入虾皮小火慢炸，待虾皮变成金黄色后关火，捞出虾皮取虾油。

4. 将生抽、料酒、清水放在碗里混合成调料汁。

5. 锅中倒入步骤 3 做好的虾油加热，放入八角、花椒、香叶、小茴香爆香，再放葱、姜、蒜炸香。

6. 倒入调料汁，加入白糖，熬煮至沸腾后再煮 2~3 分钟，待汤汁变得浓稠些时关火。

7. 用滤网将所有的材料滤出，只留汤汁，待汤汁冷却后倒入炸好的黄花鱼中，让汤汁能均匀地包裹每一条鱼，之后盖上保鲜膜，冷藏腌制 12 小时以上即可。

酥炸黄花鱼

分量：2人份

腌制时间：1小时

烤制时间：190℃10分钟

难易度：★

 材料

小黄花鱼…………10 条

葱……………4~5 小段

姜片…………5 片

盐…………1/2 茶匙

料酒…………1 汤匙

白胡椒粉…………1/3 茶匙

花生油…………少许

烧烤酱…………1 小碗

烧烤粉…………1 茶匙

做法

1. 小黄花鱼洗净，去鳞、内脏，放入大碗中，加入葱段、姜片、料酒、白胡椒粉。

2. 涂抹少许盐，拌匀后腌制 1 小时去腥入味。

3. 炸篮内壁上薄薄地抹一层油，把腌好的黄花鱼平铺放入其中。

4. 鱼身表面刷上一层烧烤酱，再撒少许烧烤粉或孜然粉。空气炸锅 190℃预热 3 分钟，放入炸篮烤 10 分钟即可。

作者君碎碎念

1. 大一点的黄花鱼可在鱼身斜划几刀以便腌制入味。

2. 这个做法有点类似于路边摊的炭火烤鱼，如果是做给孩子吃的，只需在鱼身上刷一层薄薄的花生油即可。

3. 烤肉酱可换成豆豉酱、辣椒酱或生抽、酱油。

辣烤墨鱼条

分量： 1 盘
腌制时间： 30 分钟
烤制时间： 180℃ 10 分钟
难易度： ★

 材 料

新鲜墨鱼…………2 个
葱段…………4~5 小段
姜片…………2~3 片
料酒…………1 汤匙
自制烧烤酱…………2 汤匙
（自制烧烤酱做法见 p.23）
红椒…………1/3 个
黄椒…………1/3 个
五香粉、孜然粉…各 1/2 茶匙
熟白芝麻…………1 茶匙

作者君碎碎念

1. 如果买不到墨鱼，也可以用鱿鱼来代替。

2. 烧烤酱可以用少许生抽加白糖、黑胡椒粉拌匀代替。

3. 海鲜的肉比较嫩，所以烤的时间不要太长，避免烤得过干。

 做 法

1. 墨鱼清理干净，去掉内脏、牙齿、墨囊，取肉切段，放入大碗中。红椒、黄椒去蒂，洗净，切丝。

2. 墨鱼段中放入葱段、姜片、料酒、烧烤酱，搅拌均匀后腌制 30 分钟。

3. 炸篮中铺好红椒、黄椒丝，将腌制好的墨鱼段平铺在上面，刷一层腌墨鱼的料汁。

4. 空气炸锅 180℃预热 3 分钟，放入炸篮烤 7~8 分钟，抽出炸篮，撒上五香粉、孜然粉、熟白芝麻，放回再烤 2 分钟即可。

香辣烤蟹

香辣蟹香味浓烈，甜辣适口，蟹肉含蓄的鲜味与调味料的香辣相得益彰。很多人都觉得这道菜难做，其实空气炸锅版特别简单——把香辣汁做好，剩下的就可以交给空气炸锅，保证你吃完一盘想第二盘。

- **分量：** 1 盘
- **烤制时间：** 180℃ 20 分钟
- **难易度：** ★★

材料

螃蟹…………4 只
芹菜…………小半根
洋葱…………1/4 个
姜片…………4 片
蒜…………2 瓣
葱…………半根
豆瓣酱…………2 汤匙
八角…………2 个
花椒、料酒…………各 1 汤匙
盐…………1/2 茶匙
白糖、辣椒碎……各 1 茶匙
清水…………1 碗

作者君碎碎念

1. 传统的香辣蟹是要把螃蟹裹淀粉后油炸，再用香辣汁炒的；空气炸锅版是调好香辣汁后跟生蟹一起烤入味的。味道相差不多，并且很省油。
2. 教程里的小锅用的是空气炸锅自带的，如果没有，可以换成耐高温的焗碗来做。
3. 螃蟹是生的，所以要多烤一会儿，时间可以根据螃蟹的大小灵活调整。
4. 这道菜要好吃，关键是香辣汁的味道要好。做香辣汁的时候要随时尝味道进行调整。

做 法

1. 螃蟹冲洗干净，去掉肚脐，把壳掀开。

2. 去掉蟹鳃、蟹肠，留下蟹黄，从中间一切两半。

3. 将蟹块放到大碗里，倒入料酒、盐、姜片腌制去腥。

4. 蒜切片，葱切段，洋葱切片，芹菜取杆切段。炒锅放油，小火烧热，放花椒、八角、辣椒碎炒香，放入葱段、蒜片炒香。

5. 倒入豆瓣酱小火炒香，加少许热水，放入洋葱片、芹菜翻炒入味（能吃辣的可放几颗红辣椒），倒入清水，加糖，煮开 2 分钟后关火放凉。

6. 把螃蟹壳铺到空气炸锅自带的小锅底部，再均匀放入腌好的螃蟹。

7. 把刚煮好的香辣调味汁连同食材一起倒在小锅里，让螃蟹能均匀地被调味汁包裹。

8. 空气炸锅 180℃预热 5 分钟，把小锅放进炸篮里，180℃烤 20 分钟即可。烤到一半的时候把锅底的螃蟹往上翻拌一下，使之均匀受热。出锅时连同锅底的汤汁一起倒出装盘，味道更好。

凤尾虾球

　　露出虾尾巴的设计，让这个虾球多了几分俏皮。酥软的口感，即使是牙齿不好的老年人也不用担心。咬开后，整只虾鲜美完整呈现，搭配着土豆的软糯微甜，可口极了。

分量：2 人份

烤制时间：170℃ 20 分钟

难易度：★★

土豆泥材料

土豆…………2 个
食盐…………1/2 茶匙
自制鸡精………1/2 茶匙
（自制鸡精做法见 p.22）

其他材料

鲜虾…………8 只
白胡椒粉…………1/2 茶匙
自制鸡精…………少许
玉米淀粉…………1 小碗
面包糠…………1 小碗
鸡蛋…………1 个

作者君碎碎念

1. 虾不要太大，不然包入土豆泥会有难度。

2. 如果想要油炸的感觉，可以烘烤前在虾球上抹一层植物油。

3. 如果想吃爆浆虾球，可以在虾上包一片芝士。

4. 也可把净虾肉剁成泥，跟土豆泥混在一起揉成团，包入一颗芝士心即可。

做 法

1. 土豆洗净，去皮、切片，放蒸锅中大火蒸熟，趁热压成细腻的土豆泥，加盐和自制鸡精拌匀。

2. 鲜虾洗净，去壳、头，挑出虾线，只保留虾尾的壳。

3. 虾仁放盆中，撒白胡椒粉、鸡精腌制 10 分钟。

4. 取 1 小团土豆泥团成球状，压扁，放入 1 只虾，然后用土豆泥包成圆球状，把虾尾留在外面。

5. 包好的虾球滚一层淀粉。

6. 再放入鸡蛋液中滚一圈。

7. 最后粘上一层面包糠。

8. 平铺放入空气炸锅的炸篮中，放入空气炸锅，170℃烤 20 分钟即可。

黑椒烤虾

把虾一个个地用竹签穿起来，就像烤羊肉串一样。看到这金灿灿的烤虾，顿时心情和胃口都会大好。经过腌制、烘烤后，虾皮变得脆脆的，味道全部浸到虾肉里面，很香、很入味。

分量：15 只

腌制时间：30 分钟

烤制时间：180℃ 10 分钟

难易度：★

材料

新鲜基围虾…………15 只
料酒…………1 汤匙
姜丝…………少许
盐…………1/2 茶匙
现磨黑胡椒碎…………1 茶匙

作者君碎碎念

1. 喜欢味道重点的可在腌虾时加入豆豉酱或豆瓣酱。
2. 烤虾时间不宜太长，否则肉质会变老发柴。

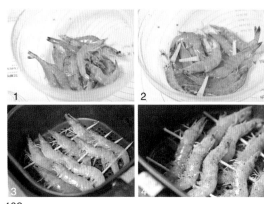

做法

1. 虾清洗干净，去掉背上的虾线，剪掉虾须和虾枪，放入容器中。
2. 加入料酒、盐、姜丝、黑胡椒碎拌匀，腌制 30 分钟入味。
3. 将腌制好的虾穿到竹签上，平铺进炸篮内。
4. 撒少许现磨的黑胡椒粒。空气炸锅 180℃预热 5 分钟，放入炸篮烤 10 分钟即可。

分量：约 12 个

烤制时间：180℃ 10 分钟

难易度：★

材料

鲜虾…………10 只（虾肉约 150 克）
山药…………半根（约 120 克）
蛋清…………1 个
生抽…………1 汤匙
葱花、姜末…………各少许
白胡椒粉、盐…………各 1/2 茶匙

作者君碎碎念

1. 如果炒菜吃，建议选较长且粗的山药，口感是脆的；如果蒸着吃或做丸子，建议选细长的，最好是铁棍山药，口感比较软糯。
2. 丸子要搅拌上劲口感才筋道。搓丸子时会比较粘手，可以在手上抹点食用油防粘。

做法

1. 虾洗净，去头、剥壳，剔净虾线，用料理机打成泥状。

2. 山药蒸熟后去皮，碾成泥状。

3. 将虾泥和山药泥混合，加入葱花、姜末、蛋清、生抽、白胡椒粉、盐拌匀，用筷子顺着一个方向搅打至上劲。

4. 取约 25 克山药虾泥搓成丸子，放入内壁涂了一薄层油的炸篮内。空气炸锅 180℃预热 3 分钟，放入炸篮烤 10 分钟即可。

山药虾丸

分量：1 人份

烤制时间：195℃ 10 分钟

难易度：★

材料

虾…………6 只

料酒…………1 汤匙

白胡椒粉…………1/3 茶匙

盐…………1/3 茶匙

鸡蛋…………1 个

面粉…………1 小碗

椰蓉（或面包糠）……1 小碗

作者君碎碎念

这个虾味道重点是鲜，所以适合蘸酱吃，尤其是果酱类的，与虾仁外层椰蓉的香味很协调。或者用泰式甜辣酱也很合适。

做法

1. 虾洗净，沥干，去头、壳、虾线，加入料酒、白胡椒粉、盐腌制半个小时。

2. 取塑料袋，倒入面粉，放入腌好的虾，摇一摇袋子，使虾仁上均匀包裹一层面粉。

3. 碗中磕入鸡蛋，放入裹了面粉的虾仁，裹上一层蛋液，再将虾放到椰蓉（或面包糠）里均匀裹上一层，放入炸篮或铺了一层锡纸的烤盘里。

4. 用刷子在虾的表面稍微刷点油。空气炸锅 195℃预热 3 分钟，放入炸篮或烤盘烤 10 分钟，至虾的表面变成金黄色即可。

椰蓉烤虾

我喜欢在烹饪海鲜的时候加入少许大蒜，因为蒜味能更好地激发海鲜的鲜香味，而新鲜柠檬汁的加入，使这道蒜蓉焗虾烤带着清新的水果的香气。

蒜蓉焗虾

- 分量：1 人份
- 腌制时间：15 分钟
- 烤制时间：180℃ 15 分钟
- 难易度：★★

材料

鲜虾…………7 个
料酒…………1 汤匙
白胡椒粉…………1/2 茶匙
柠檬…………半个
黄油…………20 克
大蒜…………4 瓣
青椒、红椒……各 1/4 个
盐…………1/3 茶匙

作者君碎碎念

1. 虾不可太小，最好能近似于一般成人手掌的长度，否则开背后放不了多少调料。
2. 虾开背后可以用刀拍一拍，以免虾肉烤制后收缩，影响菜品美观。
3. 滴入柠檬汁以及放几个柠檬片，能去腥、增香，如果没有可以不用。

做法

1. 虾洗净，去虾枪和虾须，在虾背上片一刀，深度为虾肉的 2/3，然后去虾线。

2. 虾仁放入容器中，加入胡椒粉、料酒腌制 15 分钟。

3. 大蒜切粒，青红椒切小丁，一同放盆中。黄油隔热水熔化，倒入蒜粒、青红椒丁中，再加入柠檬汁、盐各少许拌匀。

4. 所有虾背朝上平铺到炸篮中，将调好的调味料舀入虾背中，最后在上面放几片柠檬片。空气炸锅 180℃预热 3 分钟，放入炸篮烤 15 分钟即可。

葱烤皮皮虾

分量：2 人份

烤制时间：180℃ 10 分钟

难易度：★

材料

皮皮虾…………600 克
蒜…………6 瓣
料酒…………1 汤匙
生抽…………1/2 汤匙
花椒粉…………1/3 茶匙
辣椒碎…………1/3 茶匙
香葱…………1 小根

 做法

1. 皮皮虾洗净，沥干。葱切段。

2. 大蒜切粒，放入小碗里，加入料酒、生抽、辣椒碎、花椒粉拌匀成酱汁。

3. 炸篮里铺一层锡纸，再铺入皮皮虾。

4. 将调好的酱汁均匀地浇在皮皮虾上，撒上葱段。空气炸锅 180℃预热 3 分钟，放入炸篮烤 10 分钟即可。

作者君碎碎念

1. 皮皮虾也叫虾虎，最好买活的，购买时选个头较小、肚子上有个白色"王"字的——这种是母的，煮好后肉中有黄。公的没有黄，但肉厚。

2. 皮皮虾不要烤太久，否则水分流失，肉会明显缩小，最多烤 15 分钟即可。

盐焗蛏子

分量：1 人份

烤制时间：190℃ 10 分钟

难易度：★

 材 料

新鲜蛏子…………400 克
料酒…………1 汤匙
蒜瓣…………2 个
姜片…………2~3 片
粗盐…………适量

 做 法

1. 蛏子吐净泥沙，清洗干净后沥干，放入盆中，加入料酒、蒜粒、姜丝腌制半个小时。

2. 空气炸锅自带的小锅内倒入能没过底部的粗盐，将蛏子开口朝上摆到小锅里。

3. 将小锅放进炸篮中。空气炸锅 190℃ 预热 5 分钟，放入炸篮 190℃ 烤 10 分钟即可。

作者君碎碎念

1. 蛏子开口朝上插入盐里，是为了留住蛏子的汁水，否则容易烤干。

2. 焗烤的盐最好是用粗粒盐，可以反复使用。

3. 拿蛏子的时候要横着拿出来，否则汁水流到盐里把盐污染了，影响下次使用。

4. 可以把盐加少许八角、花椒炒到微微变黄后再焗，味道更好。

5. 如果没有小锅，可以用耐高温焗碗代替。

1

2

3

分量：2 人份

烤制时间：200℃ 8 分钟

难易度：★

材料

扇贝…………500 克

蒜…………8 瓣（切成蓉）

植物油…………2 汤匙

蒸鱼豉油…………1/2 汤匙

葱花…………1 汤匙

盐…………1/3 汤匙

作者君碎碎念

1. 扇贝养殖环境比较脏，务必要清理干净，将贝肉旁边黑色的内脏、裙边下面像睫毛状的橘黄色部分都去掉。裙边冲洗干净，可以保留，或者取出来做凉拌菜吃。

2. 喜欢吃粉丝的还可以加一些泡软的粉丝进去一起烤。

3. 手边如没有蒸鱼豉油，可以用生抽代替。

 做 法

1. 扇贝用刷子刷洗净，用刀子撬开外壳，冲洗干净，去掉黑色内脏、裙边等，扇贝壳上只留贝肉和黄色的扇贝黄。

2. 炒锅放 2 汤匙油烧热，倒入蒜蓉稍微炒至发黄、香味逸出即关火。

3. 将蒜蓉和油倒入碗中，放入葱花、蒸鱼豉油、盐拌匀。

4. 扇贝平铺放入炸篮中，用勺子舀适量上一步拌好的蒜蓉料盖到扇贝肉上。空气炸锅 200℃预热 5 分钟，放入炸篮烤 8 分钟即可。

蒜蓉扇贝

吃惯了蒜蓉或清蒸扇贝，这种做法一定会给你惊喜。香浓的芝士沙拉酱包裹着鲜嫩肥美的扇贝，味道特别，让人欲罢不能。

┈┈ **分量：** 2 人份

┈┈ **烤制时间：** 200℃ 8 分钟

┈┈ **难易度：** 厨房小白

法式焗扇贝

材料

扇贝┈┈┈┈500 克
盐┈┈┈┈1/3 茶匙
柠檬汁┈┈┈┈10 克
白胡椒粉┈┈┈┈1/3 茶匙
沙拉酱┈┈┈┈40 克
清水┈┈┈┈1 汤匙
马苏里拉芝士丝┈┈┈┈少许

作者君碎碎念

沙拉酱建议用清甜口味的，加入 1 勺清水拌匀后比较方便淋汁。

做 法

1. 扇贝洗净，用刀子撬开外壳，充分冲洗干净，去掉黑色内脏、裙边等，只留贝肉和扇贝黄，然后整个挖出。

2. 挖出的扇贝肉放盐、柠檬汁、白胡椒粉抓匀，腌制 20 分钟。

3. 将腌好的扇贝肉放回到扇贝壳上，铺入炸篮中。

4. 沙拉酱加清水调匀，淋适量到扇贝肉上，再撒上马苏里拉芝士丝，放入空气炸锅200℃烤 8 分钟即可。

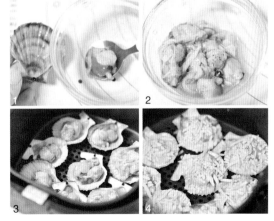

蛤蜊蒸蛋

材料

蛤蜊…………400 克

鸡蛋…………2 个

清水…………半碗

盐…………1/3 茶匙

作者君碎碎念

1. 蛤蜊煮到稍微开口即可。

2. 盖锡纸一来可以避免蛋羹烤老，二来有
   助于保持蛋羹表面光滑。

做法

1. 蛤蜊吐净泥沙，充分洗净，放进锅里，加少许水，
   煮到蛤蜊开口马上关火，取适量放入焗碗中。

2. 鸡蛋打入碗中，倒入与蛋液等量的清水，用筷子
   打匀，加盐拌匀。若能将鸡蛋液过筛，蛋羹会更细腻。

3. 将蛋液倒入装了蛤蜊的焗碗中，蛋液没过蛤蜊的
   一半即可。焗碗外包上一层锡纸。

4. 炸篮里倒入水，把焗碗放到炸篮里，水要没到焗
   碗的 1/3 处，放入空气炸锅中，200℃烤 35 分钟
   至蛋羹凝固即可。中途不要晃动炸锅。

分量：2 人份

烤制时间：180℃ 15 分钟

难易度：★

材料

花蛤蜊…………400 克

蒜…………3 瓣

姜片…………2 片

干辣椒段…………少许

葱段…………少许

花生油…………1/2 汤匙

作者君碎碎念

蛤蜊烤后会出很多汤汁，所以要放在小锅或者耐高温的碗中来烤。

做 法

1. 蛤蜊吐净泥沙，洗净。大蒜切成粒，姜切丝。

2. 蒜粒、姜丝加花生油、辣椒段拌匀，倒入花蛤里，撒少许葱叶段拌匀。

3. 把拌好的蛤蜊倒入空气炸锅自带的小铁锅，再放入炸篮中。空气炸锅 180℃预热 3 分钟，放入炸篮烤 15 分钟，至蛤蜊开口即可。小锅较深，中途可以拉出来将蛤蜊翻一下使受热均匀。如果希望蛤蜊味道更鲜，可给小锅包上一层锡纸，以避免水分烤干。

辣烤花蛤

材料

COOK100 麻辣香锅调味料…35 克

虾…………6 只

葱、芹菜…………各半根

土豆、莲藕、菜花……各适量

金针菇…………少许

午餐肉…………5 片

植物油…………2 大勺

红辣椒…………10 个

熟白芝麻、香菜碎…………各适量

 作者君碎碎念

1. 做麻辣香锅的所有食材都要先用沸水或者滚油制熟，因为土豆、莲藕等根茎类的食材不易熟，而菜花、金针菇、芹菜等含水量较高的蔬菜先用水焯过后再烤就不会大量出水。麻辣香锅的特点就是做好后食材都比较干，所以前期对食材的处理很重要。

2. 如果没有麻辣香锅的底料，也可以用麻椒粉 5 克、细砂糖 25 克、干红辣椒 25 个、郫县豆瓣酱 50 克、蒜片 2 瓣、葱半根、熟白芝麻 10 克、盐 2 克拌匀来代替。

做法

1. 土豆和莲藕切片，菜花撕小朵，虾去虾须，芹菜切段，金针菇切去根部，午餐肉切片，葱切段。

2. 莲藕和土豆片先煮熟，再将芹菜和菜花烫熟，虾和金针菇略微一煮。上述食材沥干，放到大碗里。

3. 加入植物油、麻辣香锅调味料、葱段、红辣椒，翻拌均匀。

4. 空气炸锅抽屉里铺一层锡纸，放入拌匀的食材。180℃烘烤 10 分钟，撒熟白芝麻和香菜即可。烘烤过程中拉出抽屉将食材翻拌几次，否则上面那层会太干。

麻辣香锅

分量： 2 人份

烤制时间： 180℃ 10 分钟

难易度： ★★

第四篇

蛋禽美食 好吃到飞起

　　很多人最初选择空气炸锅，是为了无油烟版的炸鸡翅、炸鸡腿，却不知道对于这台神奇的锅来说，小到一颗鸡蛋，大到整只全鸡，都完全不是问题——鸡爪、鸡腿、鸡翅、鸡心、鸡肝、鸡脖、鸡蛋……只要想不到，没有做不出，性价比极高的蛋禽类食材也可以做出一桌的"满汉全席"。

鸡肉清爽沙拉

炸鸡排材料

鸡胸肉…………1 块
姜片…………2~3 片
葱段…………4~5 小段
生抽…………1 汤匙
自制烧烤粉…………1 茶匙
（自制烧烤粉做法见 p.23）
鸡蛋…………1 个
玉米淀粉…………6 克
面包糠…………1 小碗

沙拉材料

圣女果…………7~8 颗
黄瓜…………1 根
生菜叶…………2 片
紫甘蓝…………1/3 个
沙拉酱…………1 汤匙

这个鸡肉沙拉很适合怕胖的姑娘们。没加一滴油做成的酥脆炸鸡条，和简单的食材搭配在一起，迅速变成一盘口味清爽、色彩缤纷的减脂美味餐。

····· 分量：1 人份

····· 腌制时间：60 分钟以上

····· 烤制时间：180℃ 20 分钟

····· 难易度：★

 做 法

1. 鸡胸肉清理干净，去掉白色的脂肪部分。

2. 切成拇指粗细的条状，放入碗中。

3. 放入姜片、葱段、生抽、烧烤粉。

4. 充分拌匀，腌制 60 分钟以上入味。

5. 鸡蛋磕入碗中打散，加入淀粉拌匀。

6. 将腌制好的鸡肉条裹上蛋液。

7. 再裹上一层面包糠。

8. 平铺放入空气炸锅的炸篮内。

9. 空气炸锅 180℃预热 3 分钟，放入炸篮烤 20 分钟后取出。

10. 烤好的鸡肉条稍微切一切。

11. 黄瓜切片，生菜撕片，圣女果洗干净，紫甘蓝切丝。

12. 把蔬菜铺到盘子底部。

13. 放上炸好的鸡肉条。

14. 将沙拉酱倒入裱花袋中，在鸡肉和蔬菜上淋成网格状就可以了。

1. 炸鸡条可以提前做好，放冰箱冷藏，吃之前用空气炸锅170℃烤 5~6 分钟就可以恢复酥脆口感，再加入新鲜果蔬就是一道快手沙拉大餐了。

2. 鸡肉条蘸上蛋液和面包糠能增加酥脆的口感。如果不喜欢那层酥脆外壳，也可以腌制好了直接烤。

酸奶烤鸡翅

这是一个印度朋友教我的做法，没想到用酸奶腌制出来的鸡翅居然这么好吃，奶香中带着咖喱酱的醇厚，还有外面那层黄油酥皮，真是令人唇齿留香。

分量：2 人份

腌制时间：2 小时

烤制时间：190℃ 22 分钟

难易度：★

 做 法

1. 鸡翅冲洗干净。

2. 在两面都划上几道。

3. 倒入一袋酸奶。

4. 再加入咖喱粉、姜黄粉、盐、黑胡椒粉和少许糖。

5. 把材料充分拌均匀腌制 2 小时。

6. 面粉中倒入黄油块。

7. 用手将黄油搓碎，跟面粉充分融合，变成粗玉米粉的样子。

8. 腌制好的酸奶鸡翅放进黄油面粉中，均匀地滚上一层。

9. 平铺放入空气炸锅的炸篮中。

10. 空气炸锅 190℃ 预热 3 分钟，再烤 22 分钟，鸡翅表面呈金黄色即可。

材 料

鸡翅…………10 个
酸奶…………150 克
盐…………1 克
糖…………2 克
黑胡椒粉………1/2 茶匙
姜黄粉…………1/2 茶匙
咖喱粉…………1 茶匙
黄油…………20 克
面粉…………40 克

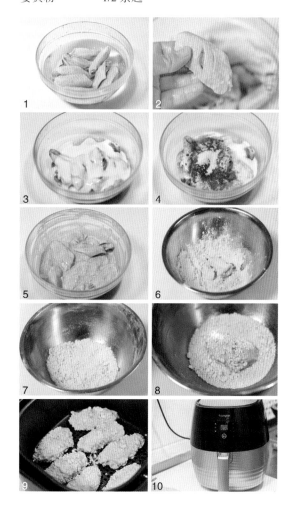

 作者君碎碎念

1. 酸奶最好用原味老酸奶，比较浓稠的那种，口感最好。

2. 喜欢咖喱味的可以多加点咖喱粉进去，腌制的时间越长，鸡翅的味道越好。

3. 外面裹的黄油酥皮烘烤后有曲奇饼干的香味，喜欢这种味道的挂糊时可以裹得厚一些。

奥尔良烤鸡翅

分量：2 人份

腌制时间：4 小时以上

烤制时间：180℃ 20 分钟

难易度：★

材料

鸡翅…………10 个
COOK100 奥尔良烤肉料……35 克
清水…………35 克
蜂蜜…………10 克
清水…………10 克
熟白芝麻………少许

作者君碎碎念

1. 鸡翅的腌制时间越长越入味，
有条件的可以冷藏过夜。

2. 蜂蜜水可以多刷几次，这样
烤好的鸡翅表面也比较酥脆。

3. 奥尔良调味料的好坏决定了
这款鸡翅的味道，所以要选
靠谱的牌子。

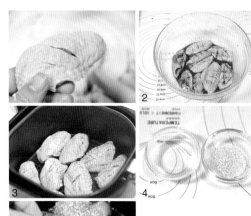

做法

1. 鸡翅冲洗干净，两面都划上几道刀口，方
便腌制入味。

2. 将奥尔良腌料和水按照 1:1 的比例调成酱
汁，放入鸡翅混合拌匀。

3. 盖上保鲜膜腌制 4 小时以上入味，然后铺
入炸篮中。

4. 蜂蜜和水按照 1:1 的比例调成蜂蜜水，熟白
芝麻也准备好。

5. 空气炸锅 180℃预热 3 分钟，之后烤 20 分
钟即可出锅。中途刷 2 次蜂蜜水，出锅前
撒点白芝麻装饰。

法式黑椒烤鸡腿

肚子饿的时候，没有什么比啃下一只香气扑鼻的黑椒大鸡腿更令人满足了。

作为典型的"肉食动物"，我对烤鸡腿的热爱就像老鼠对大米的爱一般浓烈。特别是有了空气炸锅以后，就可以彻底告别那些油腻腻的烧烤摊子，自己动手做色泽鲜亮、回味无穷的健康烤鸡腿啦。

分 量：2 人份
烤制时间：180℃ 20 分钟
难易度：★

材料

鸡腿…………2 个
食盐…………1/2 茶匙
COOK100 法式黑椒烤肉料…70 克
清水…………70 克

做法

1. 将鸡腿用流水冲洗干净，去掉白色的油脂部分，用牙签或竹签在表面扎一些洞。

2. 将鸡腿放入清水中浸泡 1 小时。

3. 捞出泡好的鸡腿，用厨房纸巾擦干表面的水，抹一层盐，静置 20 分钟入味。

4. 法式黑椒烤肉料加水调匀，倒入放鸡腿的容器中，用手抓匀让其充分入味，盖上保鲜膜，放入冰箱冷藏 2 小时以上入味。

5. 空气炸锅 190℃预热 3 分钟，将冷藏好的鸡腿放到炸篮中，表面再刷一层腌料汁。

6. 空气炸锅温度调到 180℃，放入炸篮烤 20分钟至鸡腿表面变金黄色就可以了。中间可以用刷子蘸一些腌鸡腿的酱汁刷在鸡腿表面几次，烤出的鸡腿肉更好吃。

麻辣烤鸡脖

分量：2 人份

腌制时间：3 小时以上

烤制时间：190℃ 15 分钟

难易度：★

材料

鸡脖…………4 根

蒜瓣…………4 瓣

料酒、生抽、老抽……各 1 汤匙

五香粉…………1/2 茶匙

辣椒粉…………1/3 茶匙

孜然粒、白糖……各 1 茶匙

 作者君碎碎念

1. 鸡脖腌制时间不能少于 3 小时，有条件的话可以放冰箱过夜，时间越长越好。

2. 喜欢烧烤风的，可以烤到一半的时候撒点烧烤粉。这个烤鸡脖不用放油，如果想要大排档的口感，可以刷一点油。

做法

1. 鸡脖洗净，去掉白色的脂肪部分。

2. 鸡脖放碗中，倒入料酒、生抽、老抽。

3. 加蒜粒、五香粉、辣椒粉、孜然粒、糖，翻拌拌匀。

4. 腌制 3 小时以上入味。腌好的鸡脖颜色会变深。

5. 把鸡脖铺入炸篮中，刷一层腌料汁。

6. 空气炸锅 190℃预热 3 分钟，然后放入炸篮烤 15 分钟即可出锅。

心血来潮，把各种调味料和葱姜蒜打成了糊糊涂抹在鸡腿上，就烤出了这道怪味鸡腿，撕着吃真过瘾。

泰式烤鸡

分量：2 人份

腌制时间：3 小时

烤制时间：180℃ 25 分钟

难易度：★

材 料

鸡腿…………1 个
洋葱…………25 克
柠檬汁…………10 克
蒜…………5 瓣
姜…………3 片
黑胡椒粉…………1 茶匙
料酒、水…………各 1 汤匙
细砂糖、盐……各 1 茶匙

作者君碎碎念

1. 表面切十字划痕更容易让鸡腿腌制入味。

2. 空气炸锅烤过的鸡皮有点焦焦的，口感很好，建议保留。

做 法

1. 鸡腿先充分浸泡出血水，之后用刀子在表面划十字划痕方便腌制入味。

2. 将洋葱、姜片、柠檬汁、黑胡椒粉、蒜瓣、料酒、水、糖、盐混合，用破壁机或料理机打成糊状。

3. 鸡腿放入调理糊中用手抓匀，盖上保鲜袋冷藏 3 小时以上入味。

4. 腌制好的鸡腿放到炸篮内。空气炸锅 180℃ 预热，放入炸篮烤 25 分钟即可。

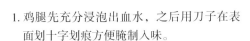
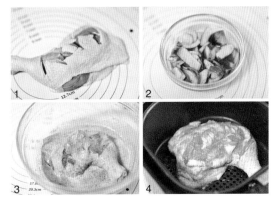

鸡翅包饭

台湾夜市有一款超人气美食，是把塞满了炒米饭的鸡翅放在火炉上用炭烤，让鸡翅流出的油包裹住米饭，达到鲜嫩多汁、齿颊留香的口感。一口下去，可口的米饭搭配着外脆里嫩的无骨鸡翅，还怕孩子们挑食吗？

分量： 2 人份

腌制时间： 2 小时以上

烤制时间： 180℃ 10 分钟

难易度： ★★

 做 法

1. 鸡翅洗净，沥干，将骨头和肉完整分离。

2. 去骨鸡翅加料酒、生抽、葱段、姜段、黑胡椒粉拌匀，腌制 2 小时入味。

3. 杏鲍菇、胡萝卜切丁，木耳泡发后切丁。

4. 锅中放油烧热，下入葱花爆香。

5. 放入胡萝卜、木耳、杏鲍菇翻炒，最后倒入米饭和玉米粒。

6. 加咖喱粉炒匀，出锅前放盐调味。

7. 用勺子将米饭填入鸡翅中，将空隙填满。

8. 填好的鸡翅包饭放入炸篮。空气炸锅180℃预热 3 分钟，放入炸篮烤 10 分钟，鸡翅变金黄色时出锅即可。

材 料

鸡翅中	8 个
葱段	4~5 小段
姜片	3~4 片
料酒	1 汤匙
生抽	1 汤匙
黑胡椒粉	1/2 茶匙

炒饭材料

隔夜米饭	1 碗
杏鲍菇	1 小根
黑木耳	4~5 朵
胡萝卜	小半根
玉米粒	1 小把
葱花、花生油	各少许
咖喱粉	1 茶匙
盐	1/2 茶匙

 作者君碎碎念

1. 鸡翅完整去骨步骤：①找到鸡翅一端两个骨头相连的部位，用剪子剪断。②把鸡翅的肉慢慢往上推，与骨头分离。③肉推到顶部后把 2 根骨头拆出来。④把肉从内向外再翻回来即可。

2. 白米饭可以换成糯米饭、糙米饭等。配菜也可以加入洋葱丁、番茄丁等你喜欢的原料。

杂蔬烤全鸡

不管是朋友聚会还是宴请好友，这道烤全鸡都是很拿得出手的一道菜肴。配上丰富的蔬菜，更是色彩斑斓，令人食欲大增。

分量：3 人份

腌制时间：12 小时以上

烤制时间：170℃ 40~45 分钟

难易度：★★

作者君碎碎念

1. 全鸡比较大，所以直接放在空气炸锅抽屉里烤了，中途需要将鸡翻面一次，不然底下部分会不熟。

2. 表面每隔 15 分钟刷一次蜂蜜水会让鸡烤得更好看、更有光泽。

3. 整鸡烤制的时间比较长，西蓝花等绿蔬容易烤糊，所以最好垫在鸡的下面烤，也可以整鸡烤到 25 分钟的时候再倒入西蓝花烘烤。

4. 空气炸锅空间较小，所以尽量买个头小一点的整鸡，如果太大可以切一半烤。因为大家用的鸡大小不同，所以烤制时间仅为参考，大家灵活调整。

5. 与柠檬接触的鸡肉会发苦，所以可用小苹果或者小橙子来代替。烤好的柠檬切半片后当作装饰也很不错。

124

材 料

整鸡…………1 只
食盐、料酒、生抽……各 1 汤匙
老抽、蚝油…………各 1 汤匙
白糖…………1 茶匙
洋葱、苹果…………各半个
大蒜…………4 瓣
姜片…………3~4 片
土豆、柠檬……各 1 个
胡萝卜、莲藕、西蓝花……各适量

做 法

1. 整鸡清理干净，去掉内脏和头。

2. 用手在鸡的表面抹一层盐，腌制 10 分钟。

3. 洋葱、大蒜和姜切片。

4. 取一半洋葱、蒜、姜塞入鸡肚子里。

5. 倒入料酒、生抽、老抽、蚝油、白糖。

6. 倒入剩下的蒜片、姜片和洋葱片，用手
   按揉，让调味料均匀包裹住鸡身。

7. 把整鸡连同腌制汤料一起装入保鲜袋中，
   扎紧袋口，放入冰箱冷藏过夜腌制入味。

8. 土豆切块，藕切片，西蓝花撕小朵，胡
   萝卜切块，苹果切块。从腌好的鸡肚子
   里把洋葱和大蒜掏出来。

9. 炒锅放油烧热，放入洋葱和大蒜炒香。

10. 放进胡萝卜、土豆、莲藕翻炒到八分熟，
    最后放入西蓝花稍微翻炒就可以了。

11. 把部分苹果和炒好的蔬菜塞入鸡肚子。

12. 再塞入一个柠檬堵住口。

13. 空气炸锅的抽屉里铺入锡纸，然后把剩
    下的果蔬块倒进去铺平。

14. 把鸡放在上面。

15. 放入空气炸锅 170℃烤 40~45 分钟即可。
    烤 20 分钟的时候把鸡翻一下面。每隔 15 分
    钟在表面刷一层蜂蜜水，烤出来会更好看。

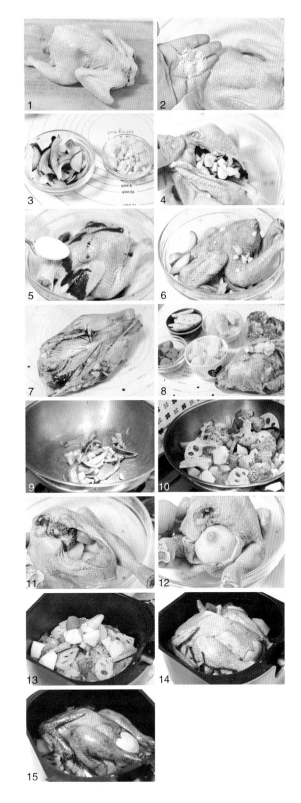

川味辣子鸡

辣子鸡虽然好吃，但烹制过程中免不了油炸，既费油又不健康。现在用空气炸锅来做就不会了，并且做好的鸡肉特别有嚼劲儿。

 分量：2 人份

烤制时间：190℃ 20~25 分钟

难易度：★★

鸡腿…………2 个
料酒…………1 汤匙
五香粉………1/2 茶匙
盐……………1/2 茶匙
姜片…………3~4 片
葱段…………少许

炒制材料

姜片…………3~4 片
花椒…………15 克
葱段…………少许
八角…………2 个
香叶…………2 片
干辣椒………1 大把
盐、白糖……各 1/2 茶匙
料酒…………2 汤匙
五香粉………1/2 茶匙

做 法

1. 鸡腿洗净后斩成小块，加料酒、五香粉、盐、葱、姜拌匀，腌制 30 分钟。

2. 腌好的鸡肉放入炸篮内平铺。

3. 将空气炸锅设置 190℃预热 3 分钟，放入炸篮烤 20~25 分钟至成油炸状，盛出。

4. 锅内放油小火烧热，下入姜片和花椒炒香。

5. 倒入葱段、八角、香叶略炒。

6. 放入干辣椒炒匀，这时候香味就出来了。

7. 放入步骤 3 烤好的鸡肉块翻炒均匀。

8. 加入糖和盐调味，倒入料酒，撒点五香粉炒匀就可以出锅了。

 作者君碎碎念

1. 做川菜用的香料很重要，例如辣椒最好用二荆条辣椒，不会太辣，但是香气浓郁，特别是放了一大盘下去颜色红彤彤，好看又好吃。

2. 最后的炒制过程我没加水，所以炒出来是干香的口感，你也可以后期加点水，可以让鸡肉回软一些。

3. 加入辣椒后要用小火炒，否则辣椒容易煳。

麦乐鸡块

分量：约 15 块

腌制时间：1 小时以上

烤制时间：185℃ 20 分钟

难易度：★

材料

鸡胸肉…………800 克

鸡蛋………1 个

玉米淀粉………50 克

盐、白糖………各 2 克

自制鸡精………2 克

（自制鸡精做法见 p.22）

黑胡椒粉………1 克

作者君碎碎念

1. 烤时不用加油，但如想要外壳酥脆可在表面刷一层油。
2. 如果急着吃，可以将鸡肉糜直接制成块状，放入冰箱 20 分钟冷冻定型再烤。

做法

1. 鸡肉清理干净去掉白色的脂肪部分，切成小块，再剁成肉糜。
2. 鸡肉糜加入玉米淀粉拌匀，放入鸡蛋、盐、白糖、鸡精、黑胡椒粉，用筷子顺着一个方向搅打上劲。
3. 将鸡肉糜放入保鲜袋中，整形成圆柱形。
4. 有饼干模具的也可以将鸡肉放入模具中定型，放冰箱冷冻 1 小时以上到变硬。
5. 冻硬的鸡肉棒拿出来稍微回温，然后切成厚约 0.8 厘米的块。
6. 将鸡块平铺放进炸篮里。空气炸锅 185℃预热 3 分钟，放入炸篮烤 20 分钟，至鸡块表面变金黄色即可。

盐酥鸡块

分量：1 人份

腌制时间：2 小时以上

烤制时间：180℃ 13 分钟

难易度：★

材料

鸡腿肉…………500 克
大蒜…………5 瓣
葱末…………少许
料酒…………2 汤匙
生抽…………1 汤匙
白糖、五香粉……各 1/2 茶匙
盐、椒盐粉………各 1/2 茶匙
黑胡椒粉…………1/2 茶匙
鸡蛋…………1 个
玉米淀粉…………少许
面包糠…………1 小碗

做法

1. 鸡腿肉去骨后切成大块状，处理掉脂肪部分，放入盆中，倒入料酒、生抽。

2. 加入蒜泥或切得很小的蒜粒。

3. 磕入鸡蛋，加入五香粉、椒盐粉、黑胡椒粉、白糖、盐、葱末、淀粉，用手充分抓拌均匀，盖上保鲜膜，放入冰箱里腌制 2 小时以上入味。

4. 鸡肉腌好后滚上一层面包糠。如果没有面包糠，用即食燕麦片代替也可以。

5. 鸡块放进炸篮内，均匀地摆开。将腌制鸡块的酱料里的蒜粒放在鸡块上烤，会更添美味。

6. 空气炸锅 180℃预热 3 分钟，放入炸篮烤13 分钟，出锅后表面撒点椒盐粉或辣椒粉就可以吃了。

番茄罗勒烤鸡腿

分量：2 人份

烤制时间：180℃ 30 分钟

难易度：★★

材料

鸡腿…………1 个

中等大小番茄…………1 个

大蒜…………1 头

葱段………少许

罗勒碎…………1 茶匙

黑胡椒碎、盐……各 1/2 茶匙

作者君碎碎念

1. 容器大小要跟鸡腿数量匹配，尽量铺满食材不留空隙。

2. 鸡腿上的盐可以多撒一些。如果你想入味更浓，也可以提前腌一下。

3. 锅底的汤汁用来拌饭、拌面吃也很赞。

1

2

3

4

5

6

做法

1. 鸡腿去骨后洗净，切大块。

2. 番茄洗净，也切块，铺满烤碗或者小锅的锅底。

3. 番茄上再铺上鸡腿。

4. 在鸡腿周围和表面放上蒜瓣和葱段。大蒜可以多放一些，烤熟后味道很好。

5. 鸡腿表面撒盐，再撒上现磨黑胡椒碎和罗勒叶。

6. 空气炸锅 180℃预热 3 分钟，放入小锅烤 30 分钟即可。

酥炸大鸡排

- 分量：2 人份
- 腌制时间：60 分钟
- 烤制时间：190℃ 12 分钟
- 难易度：★

材料

鸡胸肉…………2 块
COOK100 奥尔良烤肉料……25 克
清水…………25 克
鸡蛋…………1 个
玉米淀粉、面包糠……各 1 小碗
番茄酱（或甜辣酱）……少许

作者君碎碎念

　　如果要严格对比口感，油炸的肯定要比空气炸锅版的好吃一些，但是油脂含量较高，对小朋友、中老年人、肥胖人群来说是不能常吃的。空气炸锅版的则避免了这个问题，一点油不用涂，只用鸡肉内部的油分来形成类似油炸的口感。

做法

1. 鸡胸肉反复冲水洗净，然后切成大薄片，再用刀背交叉敲打鸡肉。

2. 奥尔良烤肉料倒入小碗中，加入 25 克清水拌成奥尔良腌料汁，放入鸡片充分拌匀，腌制 1 个小时。

3. 腌好的鸡排拍上一层淀粉。

4. 裹上鸡蛋液。

5. 拍上一层面包糠。面包糠可以适当多拍点，炸好后口感酥脆。

6. 放进炸篮里。空气炸锅 190℃预热 3 分钟，放入炸篮烤 12 分钟，蘸番茄酱或甜辣酱食用。鸡排表面冒的油花是鸡肉本身的油脂。

芝士爆浆鸡排

把芝士片塞进鸡排里面，让芝士遇热熔化。咬一口鸡排，外皮酥脆，鸡肉鲜嫩，爆浆在嘴里化开，那个口感真是无法形容。

分量：1 人份

腌制时间：60 分钟以上

烤制时间：180℃ 23~25 分钟

难易度：★

 材料

鸡胸肉…………1 块	生抽…………1 汤匙
芝士片…………1 片	黑胡椒粉……1/2 茶匙
蒜瓣…………2 个	食盐…………1/2 茶匙
葱段…………3~4 个	鸡蛋…………1 个
面包糠…………1 小碗	面粉…………少许

做法

1. 准备好需要的材料。

2. 鸡胸肉从中间剖成两半，不要切断。

3. 用刀背将鸡胸肉敲一敲，方便腌制入味。

4. 加入葱段、蒜片、黑胡椒粉、生抽和盐。

5. 将材料抓匀，腌制 1 小时以上入味。

6. 在腌制好的鸡排展开，一半放上芝士片。

7. 将另一半盖过来。

8. 蘸上一层鸡蛋液。

9. 再滚上一层面粉。

10. 之后再蘸上一层鸡蛋液。

11. 滚上一层面包糠。

12. 将鸡排放进炸篮内。空气炸锅 180℃预热 3 分钟，放入炸篮烤 23~25 分钟即可，出锅后切开就是爆浆的芝士鸡排了。

 作者君碎碎念

1. 鸡排一定要趁热吃，这样才有爆浆的感觉，放凉后芝士就凝固了。

2. 芝士片要能被鸡肉全部包裹起来，漏出来的部分高温下会熔化流汤。

3. 芝士片质量越好，做出的鸡排越好吃。

蜜汁鸡排

炸鸡排材料

鸡胸肉⋯⋯⋯⋯1 块
蒜瓣⋯⋯⋯⋯2 个
葱段⋯⋯⋯⋯3~4 段
生抽、料酒⋯⋯各 1 汤匙
白砂糖⋯⋯⋯⋯1/2 汤匙
黑胡椒粉⋯⋯⋯1 茶匙

自制鸡精⋯⋯⋯1 茶匙
（自制鸡精做法见 p.22）
鸡蛋⋯⋯⋯⋯1 个
面粉⋯⋯⋯⋯10 克
水⋯⋯⋯⋯15 克
即食燕麦片⋯⋯1 小碗

蜜汁淋酱材料

蜂蜜⋯⋯⋯⋯10 克
生抽⋯⋯⋯⋯10 克
淀粉⋯⋯⋯⋯5 克
清水⋯⋯⋯⋯25 克
黑芝麻、白芝麻⋯⋯各适量

总是抗拒不了用蜂蜜做的肉类食物，所以这个蜜汁鸡排让我的减肥计划再一次泡汤。炸到酥脆的鸡排淋上香甜的蜂蜜酱汁——等我吃完这个再说减肥的事儿吧。

做 法

1. 用刀背把鸡胸肉敲一敲，放入碗中。

2. 放入葱段、蒜片、料酒、生抽、黑胡椒粉、砂糖、自制鸡精。

3. 用手将材料抓匀，给鸡肉充分按揉，然后腌制 2 小时入味。

4. 鸡蛋磕入碗中打散，加入面粉和水调成糊。

5. 将腌制好的鸡排两面都裹上蛋液面糊。

6. 再滚上一层即食燕麦片。

7. 平铺放入炸篮内。喜欢酥脆外皮的可以再刷薄薄的一层油。

8. 空气炸锅 180℃预热 3 分钟，放入炸篮烤 22 分钟至鸡排变熟。

9. 烤好的鸡排切上几刀。

10. 蜂蜜、生抽加 20 克清水混合。淀粉加入 20 克清水调成淀粉水。

11. 炒锅中倒入蜂蜜生抽水烧热，倒入淀粉水勾芡成酱汁。

12. 将酱汁淋到炸好的鸡排上，再撒上炒熟的黑白芝麻就可以吃了。

1. 如果没有燕麦片，可以用面包糠代替。

2. 鸡排的外壳如果不刷油，口感会比较干，介意油量的就不用刷了。

3. 鸡排切开是为了最后淋上酱汁时能够更好地入味。

4. 腌料中的砂糖可以用蜂蜜代替。

分量：1 人份
腌制时间：2 小时
烤制时间：180℃ 22 分钟
难易度：★

麻辣鸡丝

当你嘴巴馋又怕胖的时候，不妨试试这款好吃的自制小零食。它的口感介于肉脯和鱿鱼丝之间，同时又带着麻辣和略甜的滋味。从成本上来看可比牛肉干便宜多了，且制作方法十分简单。

分量：2 人份

烤制时间：200℃ 10 分钟

难易度：★

 材 料

鸡胸肉…………1 块	盐…………1 茶匙
姜片…………3 片	白砂糖…………1/2 汤匙
花椒…………10 粒	熟白芝麻…………1 茶匙
花椒粉…………1/2 茶匙	植物油…………1 汤匙
辣椒粉…………1/2 茶匙	
五香粉…………1/2 茶匙	
孜然粉…………1 茶匙	
黑胡椒粉…………1/2 茶匙	

做 法

1. 鸡胸肉洗净，去掉白色脂肪部分。姜切片。

2. 鸡肉和姜片放清水里，再放少许花椒粒。

3. 开火煮到沸腾后再煮五六分钟把鸡肉煮熟。

4. 关火，捞出鸡胸肉，放到凉水里降温。

5. 用手把鸡胸肉撕成条状。

6. 将花椒粉、孜然粉、辣椒粉、五香粉、黑胡椒粉、白砂糖、盐、熟白芝麻混合，倒入鸡丝中。

7. 再倒入植物油。

8. 用手将鸡丝和调料充分抓匀。

9. 平铺放入空气炸锅的炸篮内。

10. 空气炸锅200℃预热3分钟，之后烤10分钟变成鸡丝干即可。

 作者君碎碎念

1. 鸡肉撕条的时候不要撕得太细，否则烤制的时候容易糊。

2. 鸡条粗细不同，烤制时间可以适当调整。想吃干一些的就多烤一会儿。

3. 烤好后一次吃不完的鸡丝可以密封后放冰箱冷藏，放一周没问题。

秘制烤凤爪

分量：1人份

腌制时间：1小时以上

烤制时间：190℃ 5~6分钟

难易度：★

啃鸡爪，是很多女性朋友的爱好，嗜好此物者甚至不乏衣着时尚、妆容精致的女人——这是一种需龇牙咧嘴才能享受的美食，却充满魅力。一点点地啖其肉，又一点点地弃其骨，并在食其精华肉与去其糟粕骨的过程中油然生出几分成就感来。

 材料

鸡爪…………8 个
老抽…………1 汤匙
葱段…………4 小段
姜片…………4 片
花椒…………10 粒
COOK100 重庆鸡公煲调味料………30 克

 做法

1. 将鸡爪清洗干净。

2. 剪去爪尖及黄色硬茧。

3. 锅中倒入老抽和适量清水，放入葱段、姜片和花椒煮开，再放入鸡爪，用中火煮约 20 分钟。

4. 煮好的鸡爪已经上色了，捞出后控干。

5. 碗中倒入重庆鸡公煲调味料。

6. 再倒入等量的清水拌匀成腌料汁备用。

7. 将腌料汁倒入鸡爪中拌匀。

8. 盖上保鲜膜，放入冰箱冷藏腌制 1 小时以上入味。

9. 将腌制好的鸡爪放进炸篮中，再抹上一层腌料汁。

10. 空气炸锅 190℃预热 3 分钟，放入炸篮烤 5~6 分钟就可以出锅了。

 作者君碎碎念

1. 鸡爪要剪掉指甲，避免吃的时候划伤口腔。

2. 鸡爪最好先卤煮后再烤，如果直接生烤，烤好的鸡爪肉质会偏干，没有糯、软、香的口感。经过卤煮的鸡爪，在腌料中浸泡后二次烘烤，无论从味道还是口感上，都会比直接生烤的要好吃很多。

3. 这次的腌料汁我用的是 COOK100 重庆鸡公煲的调味料，它的特点是麻辣鲜香、口感醇厚，香辛料渗入到鸡爪的纤维中，十分可口。如果没有这个调味料，也可以换成其他烧烤料或烤肉料。

孜然烤鸡心

在众多烧烤当中，鸡心是我比较喜爱的一种，不会像鸡胗那么韧，又不会像鸡肝那么软。这种方法做出来的鸡心，一口气可以吃掉一大盘。

材 料

鸡心…………300 克		姜片…………2~3 片	
料酒…………1 汤匙		葱段…………4~5 个	
生抽…………1 汤匙		辣椒碎…………1 茶匙	
老抽…………1 汤匙		孜然粉…………1 茶匙	
盐…………1/2 茶匙		孜然粒…………1 茶匙	

分量：2 人份

腌制时间：2 小时

烤制时间：200℃ 10 分钟

难易度：★

做 法

1. 鸡心洗净。

2. 剪去白色的脂肪部分，从中间剖开。

3. 洗去血水，沥干。

4. 将腌制鸡心的材料准备好。

5. 鸡心加入姜片、葱段。

6. 再加入料酒、生抽、老抽、盐。

7. 最后倒入辣椒粉、孜然粉、孜然粒。

8. 充分拌匀，腌制 2 小时入味。

9. 腌制好的鸡心铺到炸篮中，撒少许孜然粉、孜然粒和辣椒碎。

10. 空气炸锅 200℃预热 3 分钟，放入炸篮烤 10 分钟即可出锅。

作者君碎碎念

1. 鸡心上面如果有比较多的脂肪时要剪去一些，不然烤过后会过于油腻。

2. 鸡心剖开更方便腌制入味，怕麻烦的也可以将鸡心直接穿串儿吃。

3. 孜然味可以换成五香味或麻辣味。

蜜汁鸭腿

分量：2 人份

腌制时间：4 小时以上

烤制时间：200℃ 30 分钟

难易度：★

和鸡腿不同，鸭腿烤出来油亮油亮的，非常漂亮；吃起来肉质鲜嫩、紧实，让人大呼过瘾。关键是自己在家烤这诱人的鸭腿一点都不难，别犹豫了，一起来吧！

做法

1. 鸭腿用清水浸泡去血水后沥干，在两面都划上几道口子以便入味。蒜切片，姜切碎。

2. 放上蒜片、姜碎，再倒入料酒。

3. 倒入蚝油，放入花椒粉、五香粉。

4. 加入 1 汤匙蜂蜜。

5. 用手按揉鸭腿，让肉和调味料充分拌匀，盖上保鲜膜腌制 4 小时以上入味。

6. 腌好的鸭腿放入炸篮内。

7. 蜂蜜和水调匀，往鸭腿表面刷一层蜂蜜水。

8. 空气炸锅 200℃预热 3 分钟，然后放入炸篮烤 20 分钟．

9. 烤到 10 分钟的时候在鸭腿上刷一层蜂蜜水，继续烤。

10. 烤 20 分钟后将鸭腿翻个面，继续刷一层蜂蜜水，再烤 10 分钟即可。

作者君碎碎念

1. 鸭腿要充分浸泡去血水，不然烤的时候会冒血水。

2. 表面一定要划几刀或者用牙签戳很多眼儿后再腌制，否则不容易入味。时间宽裕的话，可以腌制一夜后再烤。

3. 如果想要酥脆的外壳，那么刷蜂蜜水时要等鸭腿的表面烤得有些干了再刷。

4. 鸭腿的含油量很高，所以需要中途翻一次面，这样里面的脂肪会被充分地烤出来。烤出来的鸭油很干净，可以收集后用来烙饼。

材料

鸭腿…………2 个
蒜瓣…………3 瓣
姜片…………3 片
料酒…………1 汤匙
蚝油…………1 汤匙
蜂蜜…………1 汤匙
五香粉…………1/2 茶匙
花椒粉…………1/2 茶匙

蜂蜜水

蜂蜜………8 克
清水………8 克

可乐卤蛋

以前煮鸡蛋总怕溢锅，所以得守着，现在用空气炸锅做，直接把鸡蛋放进去，时间到取出即可，特别方便。所以我一次烤了十多个蛋用来做这款味道极佳的可乐卤蛋，好多天的早饭不用愁了。

 材 料

- 分量：10 个
- 烤制时间：180℃ 10 分钟
- 难易度：★

鸡蛋…………10 个
可乐…………1 瓶（约 500 克）
酱油…………70 克
八角…………4 个
桂皮…………1 段

 做 法

1. 鸡蛋清洗干净，放到炸篮内。空气炸锅 180℃预热 5 分钟，然后放入炸篮烤 10 分钟至鸡蛋全熟。

2. 烤好的鸡蛋先放入凉水中降温，然后剥掉外壳。

3. 小锅中倒入可乐、酱油。

4. 放入八角、桂皮。

5. 放入剥了壳的鸡蛋，开大火煮到沸腾。

6. 改中小火慢炖 15 分钟充分入味后关火。

7. 这是刚刚煮好的可乐蛋，外面的颜色还不够深。

8. 将煮好的鸡蛋和汤汁全部倒入大碗中。放凉后盖上保鲜膜，放进冰箱冷藏一夜，让鸡蛋充分浸泡入味即可。

 作者君碎碎念

1. 烤鸡蛋的时间根据鸡蛋的大小略有不同。小的鸡蛋八九分钟就熟了，大一些的要十分钟左右。鸡蛋不要烤太长时间，否则会过干。

2. 剥皮后再煮更容易让鸡蛋入味，如果嫌麻烦也可以像煮茶叶蛋那样把壳敲出裂纹后直接煮。

3. 冷藏浸泡的时候可以拿出来翻一下，避免鸡蛋有泡不到的地方。

4. 这个蛋在冷藏状态下泡 3~4 天没问题，泡得越久越入味。

免油炸苏格兰蛋

分量：15 个

烤制时间：200℃ 15 分钟

难易度：★★

这个迷你版苏格兰蛋特别适合小朋友们吃，外形小巧可爱，一口正好一个。咬下去的时候，烤肉馅的香气加上鹌鹑蛋的筋道，真是超美味啊。

 做 法

1. 将新鲜猪肉绞成肉馅。

2. 加入生抽、洋葱碎、葱末、黑胡椒粉、食盐、白糖略微拌匀。

3. 顺一个方向搅拌上劲，静置 10 分钟入味。

4. 鹌鹑蛋洗净，煮熟，过凉水快速降温。

5. 鹌鹑蛋剥去壳备用。

6. 准备好鸡蛋液、面包糠以及玉米淀粉。

7. 取一个鹌鹑蛋，先在淀粉里滚一圈。

8. 然后取适量肉馅团成肉丸，将鹌鹑蛋包起来。

9. 包好的鹌鹑蛋肉丸再滚上一层鸡蛋液。

10. 放进面包糠里滚一圈。

11. 所有鹌鹑蛋处理完后平铺放入炸篮中。

12. 空气炸锅 200℃预热 3 分钟，放入炸篮烤 15 分钟，将肉馅烤熟即可。

 作者君碎碎念

1. 肉馅调好后要尝一下味道，根据自己的口味加以调整。如果是给小朋友吃，可以少放生抽和盐。

2. 肉馅要顺着一个方向搅拌上劲后才会有黏性，不易散开。

3. 包鹌鹑蛋的时候要注意手法，要让肉馅均匀地包住整颗蛋，不要有漏的地方。包好后可以再把整颗丸子滚一滚，避免肉馅和蛋之间有空气，或者肉馅层厚薄不均。

4. 鹌鹑蛋提前滚上一层淀粉，是为了让肉馅跟蛋能更好地粘在一起。

材 料

猪肉馅	400 克	食盐	1/2 茶匙
鹌鹑蛋	15 个	白糖	1 茶匙
洋葱	1/3 个	鸡蛋	1 个
葱末	少许	面包糠	1 小碗
生抽	2 汤匙	玉米淀粉	1 小碗
黑胡椒粉	1/2 茶匙		

1

2

3

4

5

6

7

8

9

10

11

12

牛油果烤蛋

分量：1 人份

烤制时间：190℃ 10 分钟

难易度：★

材料

熟软的牛油果………1 个
鹌鹑蛋………2~3 个
盐………1/3 茶匙
黑胡椒粉………1/3 茶匙
熟白芝麻………1/2 茶匙

作者君碎碎念

1. 新鲜牛油果外皮比较硬，等到变软的时候才好吃。但是也不能太软，太软的话里面会出现黑线甚至烂掉。

2. 如果你不介意热量，也可以烤到五六分钟的时候在牛油果上撒点马苏里拉芝士丝继续烤。

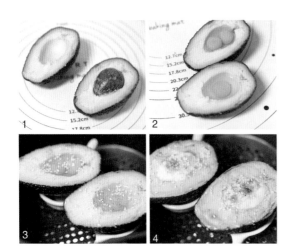

 做法

1. 牛油果一切两半，把果核拿掉。

2. 牛油果中打入 1~2 个鹌鹑蛋，小心别溢出来。
   如果没有鹌鹑蛋，可换成鸡蛋，但最好用小鸡蛋，并且要把牛油果中间的坑再挖深点。

3. 将牛油果放到托盘上固定好，撒熟白芝麻、盐、黑胡椒粉。如果喜欢吃甜的，加点糖或糖浆也不错。牛油果放不平容易溢出蛋液，可以用两个小碟子或蛋挞模当托盘来固定。

4. 放入空气炸锅，190℃烤 10 分钟就好了。

第五篇

主食、零食里的快乐时光

无论蛋糕、焗饭、掉渣饼，还是猪肉脯、琥珀桃仁……餐桌上的主食，孩子眼馋的零食，这口锅都可以搞定。在忙碌而平凡的生活中，享受自己做的放心美食，想吃就吃的快乐时光，你也可以轻松拥有。

红薯粗粮小面包

吃多了黄油牛奶面包后，就想来点儿粗粮面包换换口味。这个金灿灿的红薯小面包吃起来特别有弹性，尤其是里面香甜的红薯馅儿，令人唇齿留香、久久回味。

作者君碎碎念

1. 面包材料中的液体分量仅供参考，因为不同面粉的吸水量不同，不同地瓜的含水量也不同。

2. 面团揉到有薄膜即可，无需揉出手套膜。因其属于粗粮面包，再加上红薯馅儿，太软反而会湿黏，味道不佳。

3. 空气炸锅的炸篮比较小，所以烤面包时如果是带造型的花包就需要多烤几锅。如果嫌麻烦，可以把面团分成9份后分别包入红薯泥揉圆，放入炸篮内做成九宫格形状的排包，如p.153的酸奶小面包就可以一次烘烤完了。

分量：8 个

发酵制作：2 小时以上

烤制时间：175℃ 15 分钟

难易度：★ ★ ★

 做 法

1. 红薯去皮，切成段，煮熟后碾成泥。

2. 将面包材料中除黄油和红薯泥外其他材料混合，揉成表面光滑的面团，加入黄油块。

3. 一直揉到能拉出图中这种厚的膜，也就是扩展阶段的状态，倒入 60 克红薯泥，继续揉面让其充分融合，揉好的面团很柔软。

4. 将面团放到温暖处进行基础发酵。

5. 趁着发酵的时间准备红薯馅：剩下的红薯泥倒入不粘锅，放入黄油和砂糖炒匀，至变得细腻顺滑。

6. 将已完成基础发酵的面团按压排气，静置15 分钟。

7. 将面团平均分成 8 份，再静置 15 分钟，然后擀成图中所示长方形，底边压薄一些，方便收尾。

8. 在面团的上半部涂上刚才做好的地瓜馅，抹匀，底部留一条边不要抹。

9. 将面团从上往下卷起，底边压薄的部分用来收尾封口，卷好的圆柱形一端压扁。

10. 如图所示圈起来，面包坯就做好了。两端交接处要捏紧，否则发酵时容易断开。

11. 将 8 个面包坯都卷好后放到铺了油纸的烤盘上，用剪子在面包坯上均匀剪出 6 个小口，露出里面的红薯馅，然后放到温暖湿润处进行第二次发酵。

12. 二次发酵好的面团明显膨胀，尤其是剪口的边缘处。在面包坯表面刷一层全蛋液，再撒点杏仁片装饰，放入炸篮中。空气炸锅175℃预热 3 分钟，放入炸篮烤 15 分钟即可。杏仁片可以用芝麻或燕麦片代替。

面包材料

高筋面粉··········250 克
即发干酵母··········3 克
细砂糖··········30 克
盐··········2 克
奶粉··········10 克
清水··········120 克
黄油··········20 克
红薯泥··········60 克

馅 料

红薯泥··········150 克
黄油··········20 克
白砂糖··········20 克

表面装饰

全蛋液··········少许
杏仁片··········少许

1
2
3
4
5
6
7
8
9
10
11
12

酸奶小面包

分量：9 个

发酵制作：2 小时以上

烤制时间：180℃ 12 分钟

难易度：★★★

做 法

1. 将除了黄油以外的材料都倒入揉面盆中混合，开始揉面。

2. 面团揉光滑后加入黄油继续揉。

3. 揉到面团的扩展阶段，也就是能拉出厚膜的状态即可。

4. 将面团放到温暖处进行基础发酵，发至体积膨胀为原先的 2 倍大。

5. 将发好的面团取出，按压排气，然后静置 15 分钟。

6. 将面团平均分成 9 份。

7. 每份再滚圆，放入空气炸锅的炸篮中。

8. 放到温暖湿润处进行第二次发酵，大约 1 小时。

9. 面包表面刷一层全蛋液，再撒上炒熟的黑白芝麻和杏仁片。

10. 空气炸锅 180℃预热 5 分钟，放入炸篮，180℃烘烤 12 分钟即可。

11. 烤好的面包要立刻脱模，否则内部的热汽排不出来，会打湿外皮。

作者君碎碎念

1. 配方中的牛奶不要一次都加进去，留 10~20 克，视面团的湿润度添加。

2. 烘烤的最后阶段，因为不同的空气炸锅温差不同，所以最后几分钟要抽出来看一下，小心不要烤糊。

面包材料

高筋面粉⋯⋯⋯⋯250 克

即发干酵母⋯⋯⋯⋯3 克

细砂糖⋯⋯⋯⋯35 克

盐⋯⋯⋯⋯2 克

鸡蛋液⋯⋯⋯⋯30 克

黄油块⋯⋯⋯⋯25 克

酸奶⋯⋯⋯⋯85 克

牛奶⋯⋯⋯⋯50 克

表面装饰

全蛋液⋯⋯⋯⋯少许

黑白芝麻⋯⋯⋯1 汤匙

杏仁片⋯⋯⋯⋯1 汤匙

火腿司康饼

这个火腿芝士司康饼烤的时候满屋飘香，趁热吃更是咸香味十足，很适合喜欢奶酪口味又不愿意做复杂甜点的人。不管当下午茶宴客，还是作为家人的早点，这款点心都会很受欢迎。

材料

分量：约 8 块

烤制时间：180℃ 13~14 分钟

难易度：★★

低筋面粉⋯⋯⋯125 克

鸡蛋⋯⋯⋯⋯⋯1 个
（带皮约 55 克）

牛奶⋯⋯⋯⋯⋯30 克

白糖⋯⋯⋯⋯⋯10 克

黄油⋯⋯⋯⋯⋯25 克

火腿⋯⋯⋯⋯⋯40 克

卡夫芝士粉⋯⋯20 克

无铝泡打粉⋯⋯2 克

做 法

1. 火腿切成丁。

2. 面粉和泡打粉混合过筛，加入细砂糖，再放入切成小块的黄油。

3. 用刮刀一边切拌一边混合。

4. 最后整理成有粗颗粒的样子。

5. 倒入火腿丁和卡夫芝士粉拌匀。

6. 再倒入蛋液和牛奶。

7. 将所有材料混拌均匀后揉成面团。

8. 把面团按扁后对折一次，再重复一次这个动作。

9. 然后整理成一个长方形的面团。

10. 如图所示将面团切成若干个三角形。

11. 平铺放入空气炸锅的炸篮中，彼此之间要留出一定的间距。

12. 在饼面上刷一层全蛋液，再撒上少许卡夫芝士粉。

13. 空气炸锅180℃预热3分钟，放入炸篮烤13~14分钟，至司康饼变金黄色即可。

作者君碎碎念

1. 泡打粉不可省略，不然烤出来会硬硬的，且不能膨胀。

2. 卡夫芝士粉是西餐里常用的芝士调味料，如果实在买不到就不用加了。

3. 不同的空气炸锅会有温差，所以时间仅供参考，最后几分钟注意看看火候，别上色太重烤糊了。

4. 司康饼一定要趁热吃口感才最好，如果凉了，需要用空气炸锅170℃加热5分钟再吃。

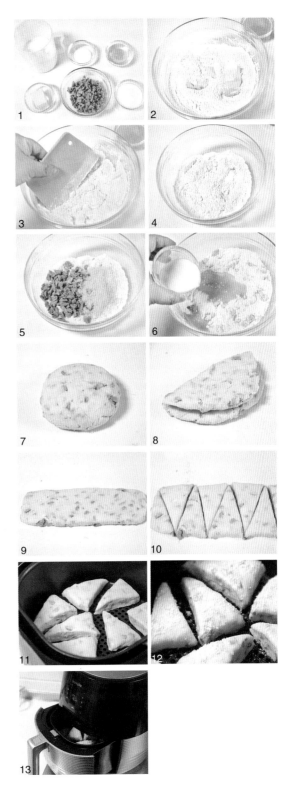

155

火腿奶酪吐司卷

有一次和朋友们出去野餐，我就做了这个火腿奶酪吐司卷，结果瞬间被大家抢空。虽然感觉它的热量不低，但是口感和颜值真的很棒。

分量：1 人份

烤制时间：180℃ 20 分钟

难易度：★

材料

吐司、芝士片、火腿片……各 2 片

鸡蛋…………1 个

黄油…………15 克

做法

1. 吐司片切去四边，整理成正方形。

2. 火腿切片，放入炸篮，再放入空气炸锅中，200℃烤 5 分钟后拿出。

3. 底部垫一层保鲜膜，按照吐司片、芝士片、火腿片的顺序逐层摆放。

4. 利用保鲜袋包起，卷成卷。

5. 把保鲜袋的两端拧紧一下，静置定型 10 分钟，让吐司卷不容易散开。

6. 黄油隔热熔化成液态。

7. 定型好的吐司卷去掉保鲜袋。

8. 先放到鸡蛋液里裹一层蛋液。

9. 之后放入空气炸锅的炸篮中，再在表面刷一层黄油液。

10. 空气炸锅 180℃预热 3 分钟，放入炸篮烤 6 分钟，见面包卷表面变金黄色即可出锅，切段食用。

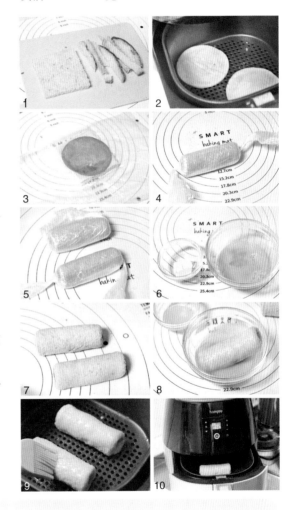

作者君碎碎念

1. 火腿最好是选用超市里已经切片的，自己切不容易切得厚薄均匀。

2. 芝士片用超市里最常见的袋装芝士即可。吐司可以自己做，也可以直接买市售的。

3. 吐司卷裹上鸡蛋液烤出来很漂亮，涂抹黄油会更好吃。如果怕热量过多，黄油就不用抹了。

4. 卷好的吐司卷一定要包在保鲜膜内充分定型后再烤，否则散开后就无法切段了。

面包丁沙拉

吃剩下的面包，摇身一变就成了这款高颜值的健康早餐。搭配着新鲜果蔬，让不起眼的剩面包也物尽其用。享受这顿美好的早餐，开始高效率的一天吧。

分量：2 人份

烤制时间：180℃ 5 分钟

难易度：★

沙拉材料

鸡蛋…………1 个	盐…………1/3 茶匙
圣女果…………5 个	芝士粉…………1 茶匙
蓝莓粒…………6 克	
秋葵…………3 根	
菠萝…………1 大块	
生菜叶…………1 片	**面包丁材料**
橄榄油…………1 汤匙	
柠檬汁…………10 克	面包…………70 克
	橄榄油…………1 勺
	黑胡椒粉………1 小撮

做 法

1. 把面包切成方形的块状，放入碗中，加入 1 勺橄榄油。

2. 撒少许黑胡椒粉，拌匀。

3. 面包丁平铺放入炸篮，再放入空气炸锅中。

4. 180℃烤 5 分钟后出锅。烤好的面包丁颜色呈金黄色。

5. 圣女果对半切开，秋葵煮熟后切丁，菠萝切丁，蓝莓洗净。鸡蛋煮熟，对半切开。生菜叶洗净，撕成小片。

6. 将上一步处理好的沙拉材料都放到大碗里拌匀。

7. 加入橄榄油、柠檬汁、盐拌匀。

8. 最后放入面包丁，撒芝士粉，轻微拌一下就可以吃了。

作者君碎碎念

1. 面包可以涂抹黄油后再烤，会更香，但不如橄榄油版的低脂。

2. 面包丁如果提前和配菜混合，搅拌后会吸水，口感就不脆了。所以要最后一步加入，略微一搅拌立刻食用。

3. 拌沙拉的环节可以根据自己手边现有的材料更换食材和调料。

云朵太阳吐司

分量：1 人份

烤制时间：135℃ 15 分钟

难易度：★★

材料

吐司片…………1 片
鸡蛋…………1 个
白砂糖………15 克

作者君碎碎念

1. 打发蛋清的盆和打蛋头要无水无油，否则鸡蛋清很难打发。

2. 如果想要更丰富的口感，也可以在吐司片上先抹一层果酱，再涂蛋白霜。

3. 这个蛋黄烤出来后是流心的，如果想火候大一些、更凝固一些，可以把温度调为 180℃，烤 15 分钟。

做法

1. 把鸡蛋的蛋黄和蛋清分离，蛋清放入无水无油的碗里。

2. 用电动打蛋器打发蛋清，打到粗泡状态后加入 15 克白砂糖。

3. 继续打发蛋清到硬性发泡，也就是变成凝固的蛋白霜，能竖起小尖角的状态。

4. 在吐司片上抹上打发好的蛋白霜，做出云朵的效果。

5. 中间挖个坑，把刚才分离出的蛋黄放进去。

6. 把吐司小心地放到炸篮中，再放入空气炸锅，135℃烤 15 分钟，至表面的边缘有些焦黄就可以了。

黄油蒜蓉面包条

分量：3 人份

烤制时间：170℃ 5~6 分钟

难易度：★

材料

吐司片…………5 片
黄油…………20 克
盐…………1/3 茶匙
蒜（切末）……4 瓣
葱花…………少许

作者君碎碎念

1. 烤面包条的吐司可以自己做也可以买市售吐司。

2. 黄油里的盐可加可不加，根据自己的口味调整，蒜末、葱花的量也可以自己调整。

3. 切下来的面包边用空气炸锅170℃烤 8 分钟，就会变成好吃的烤面包干了。

做法

1. 将吐司的四个边切掉，每片平均切成四条。

2. 黄油隔水加热到完全熔化成液态，放入蒜末、葱末、盐拌匀。

3. 用刷子在吐司条表面刷一层调好的黄油，然后放上适量的葱花、蒜末。

4. 所有的吐司条都处理好，平铺放入炸篮中。

5. 空气炸锅170℃烤 5~6 分钟，见面包条变成金黄色就可以出锅了。出炉后趁热吃口感最好，时间久了会稍微变软。

菠萝花杯子蛋糕

分量：直径 7 厘米、高 5.5 厘米的玛芬纸杯模 4 个

烤菠萝花：第一次 180℃ 6~7 分钟

第二次 120℃ 30~35 分钟

烤蛋糕：180℃ 25 分钟

难易度：★★

菠萝花材料

菠萝片···········5 片

可可蛋糕材料

无盐黄油·········100 克	低筋面粉··········125 克
细砂糖·········85 克	可可粉··········20 克
鸡蛋液·········65 克	无铝泡打粉、盐·····各 1 克
牛奶·········50 克	核桃··········30 克

做法简单的玛芬蛋糕，一直都是烘焙新手入门的首选。这种蛋糕外形大多很朴实，为了增加其颜值，我特别添加了自制的烤菠萝花，是不是瞬间加分不少？

做 法

1. 菠萝切薄片，放到盐水里泡一泡，然后用厨房纸巾吸干水，放入炸篮中，180℃烤6~7分钟使菠萝片变软。

2. 将菠萝片按压到蛋挞模具里，放入空气炸锅，设置 120℃烘烤 30~35 分钟，至菠萝片边缘处有点焦黄即可。这是用空气炸锅烘烤了 35 分钟左右的样子，已经差不多了，如果还想更干一些，可把温度调低些再烘一会儿。

3. 将所有的材料备好。核桃提前用空气炸锅 180℃烤 10 分钟烤熟，切成颗粒。核桃可用耐高温的巧克力豆或其他坚果碎代替。

4. 黄油提前置于室温下软化，加入细砂糖，用电动打蛋器打发均匀，至发白、膨松的状态。

5. 将蛋液分 3 次加入黄油糊中，每次都要打发均匀后再加入下一次，避免蛋油分离。

6. 分次倒入牛奶，也是每次都打发均匀再加下一次，打至很细腻膨松的样子。

7. 将低筋面粉、可可粉和泡打粉混合后筛入，用刮刀翻拌均匀成图中的样子。

8. 最后倒入核桃粒翻拌均匀，倒入裱花袋或保鲜袋中，再挤入纸杯中。因为面糊中有核桃颗粒，所以裱花袋的口要剪得大一些。

9. 将面糊挤入纸杯中，至七八分满，将纸杯放入炸篮内。

10. 空气炸锅 180℃预热 3 分钟，放入炸篮烘烤约 25 分钟后取出，用菠萝片组成花朵状作为装饰即可。

作者君碎碎念

1. 菠萝片切得越薄越好，但一定要切出完整的面来，做出的花才好看。

2. 如果你有巧克力酱或者巧克力，也可以熔化后加 50 克进去，和黄油一起打发，这个蛋糕的巧克力味会更浓郁，组织也会更绵润。

3. 如果想做菠萝味的蛋糕，可放 70~80 克的菠萝酱进去，相应的牛奶和蛋液各少放 15 克左右，可可粉的量也用等量的低筋面粉代替，这样就是菠萝玛芬蛋糕了。注意烘烤时间需要根据烤制情况灵活调整。

4. 这款玛芬蛋糕是靠打发黄油和加入泡打粉来使材料膨胀的，不可随意把黄油替换成植物油，或者省略泡打粉。

蜂蜜柠檬小蛋糕

柠檬配蜂蜜是绝妙搭配，不管是泡水喝，还是做蛋糕，都会有浓郁的柠檬香气。这款杯子蛋糕烤出来的时候满屋子柠檬香味啊~

材料

黄油…………80 克
细砂糖…………40 克
低筋面粉…………100 克
蜂蜜…………35 克
鸡蛋……2 个（每个约重 55 克）
柠檬…………1 个
泡打粉…………1 克

分量：约 7 个
烤制时间：180℃ 15 分钟
难易度：★ ★ ★

作者君碎碎念

1. 空气炸锅很适合用来烤杯子蛋糕，简单快捷。但因为锅内有比较大的热风循环，有的杯子蛋糕表面会被吹偏。

2. 这个蛋糕刚出炉时先不要急着吃，因为内部还有热气，比较绵润。放进冰箱冷藏 2 个小时以后再吃最好。

3. 海绵蛋糕、戚风蛋糕等靠打发蛋液产生大量空气来支持组织的蛋糕，热的新鲜的比较好吃；打发黄油搅拌型的蛋糕，也就是俗称的磅蛋糕，则需先冷却，因为刚烤出来的时候，香气还没有完全进去，组织也比较绵润。静置一段时间，等到香气进一步浸润蛋糕组织，并且绵润的部分低温凝固后再切块品尝，就是它最美味的时刻了。

4. 如果有时间，也可以调制相应的糖浆，比如这款蛋糕可以表面刷一层柠檬蜜，冷藏一夜后再品尝会更好吃。

5. 顶部开裂是磅蛋糕的标志，也是纸杯蛋糕的特色。虽然都是用纸杯来烤，但大家要记得区分所用的配方是戚风海绵蛋糕的还是磅蛋糕的。

做 法

1. 将柠檬外皮洗净，削下表面那一层，切成细碎的屑状备用。柠檬果肉取汁，约需 25 克。

2. 黄油切小块，提前置于室温下软化，倒入细砂糖，用打蛋器打发至变白、膨松。

3. 将鸡蛋打散，分数次加入到黄油中，打发至膨松。

4. 筛入低筋面粉和泡打粉，拌匀至没有干粉的状态。

5. 加入柠檬汁、蜂蜜、柠檬屑，翻拌均匀成蛋糕糊，倒入裱花袋或保鲜袋中。

6. 用裱花袋将蛋糕糊挤入杯子里，差不多能装 7 杯。将杯子放入空气炸锅内， 180℃预热 3 分钟，再烤 15 分钟即可。

棒棒糖饼干

自制紫薯粉

紫薯………2个

 做 法

1. 将紫薯的外皮清洗干净，切片，用厨房纸巾吸一吸紫薯片表面的水。尽量切得薄一些，这样烘烤的时候才容易干。

2. 将紫薯片平铺入炸篮，将炸蓝放入空气炸锅，温度设置为125℃，烘烤30~40分钟，取出。烘干后的紫薯片摸起来硬硬的。

3. 用破壁机或者干磨器打成粉即可。

把新鲜紫薯磨成粉，做成棒棒糖外观的饼干，是个很不错的主意。这款饼干奶味香浓又酥脆，还带着紫薯的甘甜，不管送朋友还是哄小孩，都是受欢迎的小礼物。

分量：25 块

烤制时间：150℃ 15~17 分钟

难易度：★★

 做 法

1. 黄油置于室温下软化，加入糖粉，用打蛋器打发至发白、膨松。没有糖粉的可以用极细的白砂糖来代替。

2. 加入全蛋液，继续打发至蛋液跟黄油充分融合，然后平均分成两份。

3. 低筋面粉分成 70 克和 90 克两份，在 70 克那份里加入 20 克紫薯粉。

4. 两份面粉分别筛入两份黄油糊中，用刮刀拌匀至没有干粉的状态，各自揉成面团。揉面时可以借助保鲜袋。

5. 取原色面团装入保鲜袋中，擀成长方形的面片。同将紫色面团擀成长方形的面片，擀出的面片要比原色的大一些。

6. 将 2 片面片叠放在一起，用刀子将四边修整齐。可以在面片之间刷点清水，让其粘得更牢。

7. 将面片卷起，放进冰箱冷冻 2 小时以上至变硬。牙签用清水浸泡半小时。

8. 拿出冻硬的面卷，切成厚约 0.5 厘米的片，底部插入牙签，平铺放入炸篮中，150℃烤15~17 分钟即可出锅。

材 料

低筋面粉········160 克	全蛋液········30 克
紫薯粉··········20 克	糖粉··········60 克
黄油··········80 克	

 作者君碎碎念

1. 烘烤的时候一定要随时观察，紫薯面团一旦烤过火会变成咖啡色，可以烤到中途加盖锡纸。

2. 紫薯粉可以换成别的面粉。紫薯粉本身有甜味，所以分量多些无所谓，但如果用的是可可粉或抹茶粉，本身略有苦味，就要少放些。

蒜香饼干

如果说饼干也可以增强身体免疫力，我想这个蒜香饼干应该要排在第一位。烤的时候满屋子蒜香味，烤出来后尝了一块，相对于黄油饼干的甜腻来说，味道非常清新。

分量：30 块

冷冻时间：60 分钟

烤制时间：170℃ 12 分钟

难易度：★★

材料

低筋面粉…………100 克

糖粉…………30 克

黄油…………60 克

全蛋液…………40 克

蒜粒蓉…………35 克

卡夫帕玛森芝士粉……20 克

做 法

1. 大蒜切成很细的蒜蓉。

2. 不粘平底锅中放入 10 克黄油，加热熔化后放入蒜蓉小火炒一下，颜色微微变黄即可盛出，放凉备用。

3. 剩余 50 克黄油切小块，室温下软化后加入糖粉。

4. 用电动打蛋器稍微打匀。

5. 分次倒入全蛋液打发。

6. 直到黄油变得膨松、发白。

7. 将炒香并放凉的蒜蓉倒入黄油糊中。

8. 再用打蛋器搅打拌匀。

9. 筛入低筋面粉和芝士粉。

10. 用刮刀拌匀，直至没有干粉的状态。

11. 找一个保鲜袋，将面糊倒入袋子中团成团。

12. 放入饼干模具中，整成长条状，然后放冰箱里冷冻 1 小时以上至变硬。

13. 冻好的饼干面团用刀切成 0.5 厘米厚的片，尽量切得厚薄均匀。

14. 将饼干坯放入空气炸锅的炸篮中。

15. 空气炸锅 170℃预热 3 分钟，放入炸篮烤 12 分钟至饼干表面变金黄色即可出锅。

 作者君碎碎念

1. 蒜粒需要提前用黄油炒一下再用，否则会有生味和辛辣味。

2. 芝士粉是调味用的，能很好地盖住蒜的气息，让饼干的味道更浓郁。

3. 整面团时最好用保鲜袋装着塑形，避免粘手。

4. 如果没有饼干模具，可以先滚成条后放冰箱里冷冻一会儿，稍微变硬后再整形为圆柱形，继续冻硬。

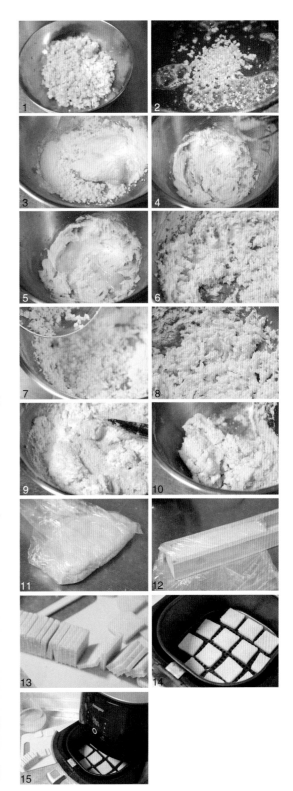

帕玛森奶酪小饼

这个饼干目前在"我最爱吃的饼干排行榜"中排第二位。味道是有点咸中带点甜的，很酥脆，吃下去后是浓郁的奶酪香气。虽然制作的成本有点高，但成为私房爆款饼干应该问题不大。

作者君碎碎念

分量：约35个

冷冻时间：2小时以上

烤制时间：160℃ 12~13分钟

难易度：★★★

1. 芝士粉本身有咸味，所以这款饼干算是咸味饼干。表面那层芝士粉一定要撒，想要食物好吃就要用足材料。

2. 非常推荐私房烘焙做这个，味道很赞，估计大多数人也爱吃。

3. 每个人的空气炸锅温差不同，所以给出的时间供参考，最后几分钟时注意观察，别烤煳了。

材料

无盐黄油…………60 克
鸡蛋…………1 个（带皮约 55 克）
低筋面粉…………120 克
细砂糖…………30 克
卡夫帕玛森芝士粉………38 克

做法

1. 黄油切块后置于室温下软化。

2. 加入细砂糖，用电动打蛋器打发均匀。

3. 将鸡蛋打散，分 3 次倒入黄油糊中，每加一次都要充分打发。

4. 鸡蛋液刚加进去时候的状态。

5. 耐心打发均匀后黄油糊会变得细腻、膨松。

6. 重复加蛋液打发的步骤，一直到黄油鸡蛋糊变得颜色发白，呈膨松羽毛状。

7. 撒入芝士粉。

8. 用刮刀稍微拌匀。

9. 筛入低筋面粉。

10. 用刮刀继续拌匀到没有干粉的状态。

11. 将面粉糊倒入保鲜袋中，揉成一个团。

12. 放到饼干模中整形。没有饼干模的话可用保鲜盒，或者干脆整形成圆柱形。

13. 将面团放进冰箱冷冻 2 小时以上。一定要冻得硬邦邦才行，要不切片的时候不好操作。

14. 用较锋利的菜刀切成 0.5 厘米厚的片。

15. 将切好的饼干放到炸篮中，表面撒上一些芝士粉。

16. 空气炸锅 160℃预热 3 分钟，放入炸篮烤12~13 分钟，见表面上色就可以出锅了。

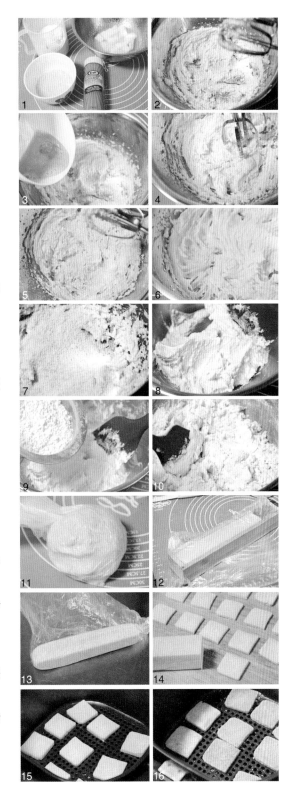

虾味小脆条

分量：约60根

烤制时间：175℃ 10分钟

难易度：★★★

材 料

低筋面粉…………60 克

玉米淀粉…………20 克

鸡蛋……1 个（带皮约 55 克）

玉米油…………1 汤匙

糖粉…………2 克

虾皮…………20 克

盐…………1 克

作者君碎碎念

1. 虾皮较轻，烤时会飞扬，如果家里空气炸锅质量不过关，不建议做烤虾皮这一步，会有烤煳甚至有引燃的风险。可以用炒锅小火炒熟。

2. 脆条不能切得太厚太宽，否则内心部分容易烤不透。

做 法

1. 将虾皮洗净沥干，放入空气炸锅里，设置 160℃烤 10 分钟，将虾皮烤到完全变干。

2. 将虾皮倒入破壁机的杯子中打成非常细腻的粉末，放到密封容器内低温保存。

3. 将低筋面粉、淀粉、虾皮粉（4 克）、糖粉、盐、鸡蛋液、玉米油混合拌匀，揉成面团，擀开。

4. 用压面器或擀面杖擀成厚 0.3 厘米的薄片。

5. 切成宽 0.5 厘米的长条，逐根放进炸篮内。

6. 空气炸锅 175℃预热 3 分钟，放入炸篮烤 10 分钟至虾条表面上色即可。

红糖扁桃仁饼干

分量：约 20 个

烤制时间：160℃ 13~15 分钟

难易度：★★

材料

黄油…………40 克

低筋面粉…………100 克

红糖…………30 克

全蛋液…………30 克

扁桃仁（饼干面团用）……50 克

扁桃仁（装饰用）………20 个

作者君碎碎念

1. 在饼干表面刷一层蛋清液，是为了粘住扁桃仁不要掉落。

2. 如果不铺油纸直接烤，饼干底部会有炸篮网眼的痕迹。介意的可以铺一层油纸再烤，但这样会影响锅内的热空气流动。

做法

1. 将 50 克扁桃仁切碎。黄油切小块，置室温下软化至用手指在表面轻轻一按能按出坑。

2. 黄油中加入红糖，用打蛋器搅打均匀，至体积膨松。红糖中如有硬块，一定要先碾碎。

3. 分次倒入全蛋液，继续打发，打发到图中状态即可。注意不要打发至水油分离。

4. 筛入低筋面粉，稍微拌匀，最后倒入扁桃仁碎，用刮刀拌匀至无干粉的状态。

5. 将混合物团成一个面团，分成 12~13 克的小球（约 20 个），放入炸篮中。

6. 将小球稍微压扁，表面刷一层蛋清液，每个饼干上按一颗扁桃仁。空气炸锅 160℃ 预热 3 分钟，放入炸篮烤 13~15 分钟即可。

蓝莓派

清爽酸甜的蓝莓用来做甜品最合适了，尤其是用自己亲手熬煮的蓝莓酱搭配酥脆的派皮做的甜点，更是下午茶的不二选择。忙碌中来上一小口，赶走所有的辛劳。

分量：2个

烤制时间：180℃ 8分钟

难易度：★★

材料

冷冻派皮·········2张
蓝莓酱·········30克
蓝莓·········8个
全蛋液·········少许

做法

1. 将派皮切成2份，其中一份比另一份略大一圈。

2. 用叉子在表面戳很多眼，防止烤后鼓起。

3. 用刀子在较大的派皮上横着割三道。

4. 在没割口的派皮上放上少许蓝莓酱和蓝莓，将四边留出来。

5. 把略大的派皮盖上去，然后用叉子按压四边以封口。

6. 另一张派皮对半切开。

7. 其中一片铺上蓝莓酱。

8. 另一片切成条状。

9. 将派皮条盖在蓝莓酱上。

10. 编织成如图所示的样子。

11. 将蓝莓派放进炸篮内，表面刷一层全蛋液。

12. 空气炸锅180℃预热5分钟，放入炸篮烤8分钟，至蓝莓派表面变金黄色即可。

作者君碎碎念

1. 派皮可以自己做也可以用市售的。

2. 蓝莓酱可以换成草莓酱或者其他果酱。

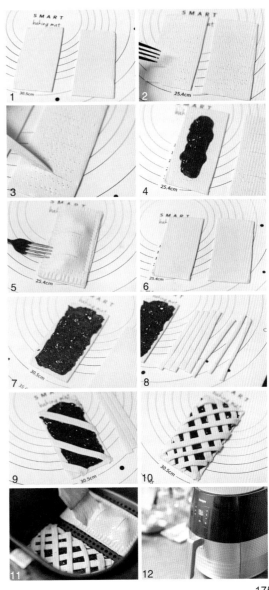

枣泥酥

小时候，每当桂花飘香的时节，姨妈就会提着一大袋子自家种的红枣到我家做客。暗红的颜色，干瘪的皱纹，看起来并不起眼，但全家人都欢天喜地。妈妈赶紧忙活起来，把红枣煮成枣泥，捏了面团，把枣泥包进去，就是这香气四溢的枣泥酥了。

自制冰糖枣泥

材 料

红枣··········300 克　　花生油··········10 克
冰糖··········20 克

做 法

1. 红枣去核洗净，放入锅中，加适量水，大火烧开，煮 10 分钟左右。

2. 煮好的红枣捞出，放进破壁机或料理机中打成细腻的红枣泥。

3. 将红枣泥倒入不粘炒锅里，加入冰糖和花生油，不停地翻炒，一直炒到枣泥水分变干呈固体的状态即可。

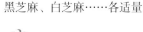

分量： 约 22 个

烤制时间： 180℃ 15 分钟

难易度： ★★★★

材料

枣泥…………180 克
黄油…………70 克
低筋面粉…………140 克
鸡蛋液…………20 克
白砂糖…………25 克
黑芝麻、白芝麻……各适量

做法

1. 将枣泥分成 3 份，每份约 70 克，搓成直径 1.5
   厘米、长 20 厘米的条，冷冻到有些变硬。

2. 黄油置于室温下软化，鸡蛋打散。

3. 黄油稍微打发一下。

4. 加入白砂糖，继续打发。

5. 分次倒入鸡蛋液，每次加的时候都要打匀。

6. 倒入筛过的低筋面粉。

7. 用刮刀搅拌均匀到没有干粉的状态。

8. 装入保鲜袋中团成面团，平均分成 3 份，
   每份约 85 克。

9. 取一个面团，隔着保鲜袋擀开。

10. 借助保鲜袋，将不整齐的边缘逐渐擀整齐。

11. 擀成长约 20 厘米、宽约 6 厘米的长方形
    面片，放在保鲜膜上，放入一根枣泥条。

12. 借助保鲜膜帮忙，慢慢卷起来。如果面片
    太长，可以切掉多余的部分。

13. 包好的枣泥酥封口朝下，切成 3 厘米长的
    均匀的小段。枣泥比较黏，每切一刀都要擦
    净刀后再切下一刀，否则会在切面上留下痕迹。

14. 放到烤盘或者炸篮中，表面刷一层蛋黄液，
    撒上炒熟的芝麻。空气炸锅 180℃预热 5
    分钟，放入炸篮烤 15 分钟即出炉。

作者君碎碎念

1. 枣泥比较黏，所以要先冷冻到稍微变硬再包。如果
   制作时间不充裕，可用裱花袋挤到酥皮上。

2. 隔着保鲜袋擀酥皮，一来可以防粘，二来可以借助
   保鲜袋帮忙擀成比较规整的长方形。

麻薯肉松蛋黄酥

　　麻薯肉松蛋黄酥是中秋节时的爆款，因为不但有流油的鸭蛋黄，更有可以拉丝的麻薯面团以及好吃的肉松。虽然做起来步骤有些麻烦，但只要有耐心，仔细称量，新手也能挑战这款好吃的点心。

分量：约 18 个

烤制时间：180℃ 28 分钟

难易度：★★★★★

水油皮材料

普通面粉……220 克
猪油……80 克
细砂糖……10 克
水……100 克

油酥材料

低筋面粉…150 克
猪油……75 克

麻薯材料

糯米粉……50 克
玉米淀粉……15 克
白糖……20 克
黄油……10 克
牛奶……90 克

其他材料

鸭蛋黄……18 个
豆沙馅……360 克
肉松……35 克
沙拉酱……20 克
玉米油、高度白酒…各适量
蛋黄液、熟芝麻……各适量

蛋黄豆沙球的制作

1. 鸭蛋黄中倒入玉米油浸泡半小时，放入炸篮中，喷一层高度白酒，用180℃烤5分钟后取出。

2. 豆沙馅分成20克的小份，团成团。

3. 每份豆沙馅中包入1颗鸭蛋黄。

4. 全部包好以后放一边备用。

 麻薯和肉松的制作

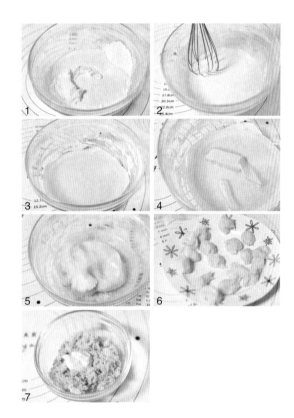

1. 做麻薯：将糯米粉、玉米淀粉、白糖和牛奶混合。

2. 用手动打蛋器将混合物搅拌均匀。

3. 放入蒸锅蒸10分钟，到表面凝固即可。

4. 趁热放入黄油块，用刮刀拌匀。

5. 至不烫手后将熔化的黄油与面糊揉匀。

6. 分成每份10克，盖上保鲜膜备用（此即为麻薯）。

7. 肉松里倒入沙拉酱拌匀成沙拉肉松备用。

 作者君碎碎念

1. 掌握好每部分的比例才能做出成功的蛋黄酥，可以按照豆沙馅20克／个、水油皮22克／个、油酥12克／个、麻薯10克／个、肉松3克／个来称量制作。

2. 水油皮要揉到能出膜的状态，这样后面进行两次包裹的时候才不会破酥开裂。

3. 最后包入麻薯肉松的时候要注意手法，一定要包紧，否则豆沙馅儿从缝隙处流出就不好看了。

4. 不同的空气炸锅温差不同，所以温度和时间供参考，请根据实际情况调整。

水油皮和油酥的制作

1. 将水油皮的所有材料混合开始揉面，一直揉到能出膜即可。

2. 将油酥的材料混合，也揉成一个光滑的面团。

3. 把水油皮和油酥面团分别按照 22 克 / 个和 12 克 / 个分成若干个面团。

4. 取一个水油皮面团压扁，然后放进一个油酥面团。

5. 借助虎口，让水油皮将油酥包裹起来，收口朝下摆放。全部面团逐个包好。

6. 用手将面团压扁，然后擀成牛舌状。

7. 从上往下卷起来。

8. 旋转 90 度，封口朝上，再用手压扁。

9. 继续用擀面杖擀成长条状，擀得越长层次越多。

10. 继续从上往下卷起来。用同样的方法卷好所有的面团，盖一层保鲜膜，静置松弛 15 分钟。

11. 取松弛好的面团，用大拇指在中间位置按一下。

12. 将两端往中间合拢，然后按扁。

13. 用擀面杖擀成圆片状。

14. 放入 1 颗鸭蛋黄豆沙球、1 块麻薯、1 小撮沙拉肉松，然后包起来。

15. 全部包好后放入炸篮中，表面刷一层蛋黄液，再撒少许熟芝麻。

16. 空气炸锅 180℃预热 3 分钟，放入炸篮烤 28 分钟，见表面变金黄色即可出锅。

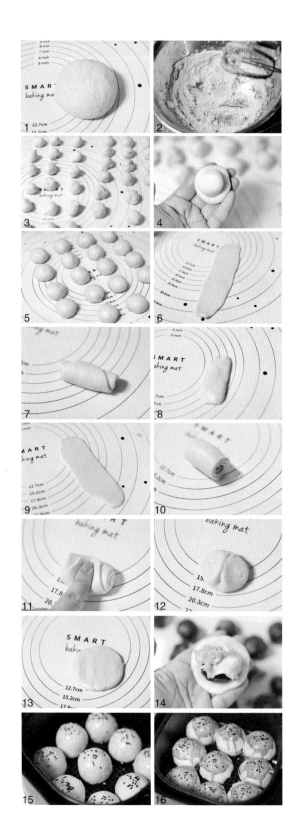

三色菠萝酥

这款菠萝酥，从馅料的炒制到外面的酥皮，都是我自己亲手做的。轻轻咬一口下去，浓郁的奶香和甜蜜的菠萝味交融在口中，甜而不腻，香酥难忘。

- 分量：约 40 个

  模具为 5 厘米 × 3.8 厘米

- 炒馅时间：30 分钟

- 准备时间：1 小时以上

- 烤制时间：150℃ 23 分钟

- 难易度：★★★★★

 做 法

1. 先做菠萝馅儿：有原汁机的可以直接榨汁让汁渣分离。没有的就把菠萝肉剁成蓉，然后用纱布包起来挤压过滤出菠萝汁和渣来备用。

2. 把菠萝果渣倒入锅里翻炒，加入敲碎的冰糖，再倒入 250 克左右的菠萝汁，先大火后转中火，不停地翻炒，一直炒到所有冰糖都溶化。

3. 馅料里的液体会越炒越少，在将收干的时候倒入麦芽糖。

4. 麦芽糖遇热溶化，所以馅料又变得有点稀了，继续炒，一直炒到馅料里的液体变干，成图里这种可以随意塑形的样子。

5. 炒好的馅料等凉下来就会变硬一些。

6. 分成每个 15 克，可分 40 个，逐一称量好。

7. 然后搓成球，放入冰箱冷藏备用。

8. 黄油切小块，放碗中，置于室温下软化，至用手指轻戳一下能戳出小坑来即可。

9. 黄油中倒入糖粉和盐。

10. 用电动打蛋器打发均匀。

菠萝馅材料

大菠萝…………3 个（果肉重约 2800 克）
冰糖…………120 克
麦芽糖…………80 克

菠萝酥皮材料

低筋面粉…………250 克
普通面粉…………35 克
糖粉…………55 克
无盐黄油…………250 克
奶粉…………140 克
鸡蛋液…………100 克
红曲粉、抹茶粉………各 3 克
盐…………1 克

11. 之后分三次倒入蛋液，每加一次都要充分打发，避免水油分离。

12. 之后筛入低筋面粉和普通面粉，再倒入奶粉，用刮刀翻拌均匀至没有干粉的状态。

13. 称一称面团的总重量，平均分成三份。

14. 其中两份分别筛入红曲粉和抹茶粉调色。

15. 和成红色、绿色和原色的面团，分别盛入保鲜袋中，放到冰箱里冷藏半个小时。

16. 准备好做菠萝酥的模具。取 17~18 克的面团，搓圆后按扁，中间略厚边缘略薄，放入一颗菠萝丸。

17. 用虎口慢慢往上推，将菠萝均匀地包裹起来，封口。

18. 轻轻按压，在手上将面团粗略整理成一个略小于模具的长方形。

19. 封口朝下放入模具中。

20. 用手掌根部轻轻地推按面团，让它充满整个模具。

21. 家里有带字饼干模具的，可以在菠萝酥上戳个印，然后放入炸篮中。盖印不要太深，以免露出馅。

22. 空气炸锅 150℃预热 3 分钟，放入炸篮烤23 分钟后出炉。

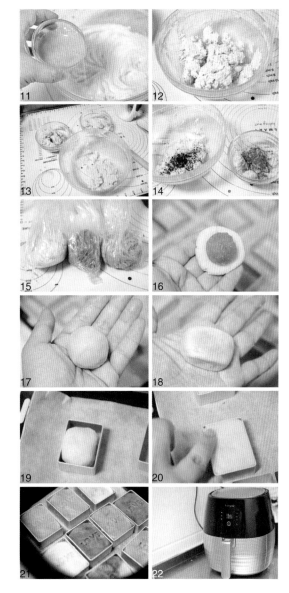

作者君碎碎念

1. 如果你是上班族，可以头一天晚上炒好馅料，然后冷藏一夜，第二天晚上再包、烤。如果没有模具，可以包好团成球后压扁来烤，样子不怎么好看而已，味道一点不差。

2. 如果一次烤不完，可以把馅料套上保鲜袋，放入冰箱冷藏备用。

3. 做好菠萝酥的关键：①馅料要炒得够干，这样才不会在搓球的时候湿黏不成形，导致包外皮的时候难以收口。②灵活使用冰箱的冷藏功能，馅料变硬后容易搓成球形，面团做好后冷藏一下也有助于克服湿黏的手感。不过切记馅料只能冷藏不可冷冻，如果冻得太硬，包皮后擀压不动，也容易露馅。

4. 这个 5 厘米 ×3.8 厘米的模具，对新手来说最合适的就是馅 15 克、皮 18 克。如果是老手，可以按馅 16 克、皮 15 克。放入模具后的推压也是个技术活，总之熟能生巧，多练习几次就不难了。

焗烤水果面包布丁

吃剩的面包你如何处理？想来点新鲜花样的吃货们，把吃剩的面包华丽升级，变成美味的下午茶甜点吧。

分量：2 人份

烤制时间：185℃ 12 分钟

难易度：★★

做 法

1. 把吐司的四个边切掉，切掉的吐司边不要扔，可以烤干后碾成面包糠使用。

2. 将吐司都切成小方块状。

3. 一个鸡蛋打入碗中，再加入细砂糖，用手动打蛋器搅拌均匀。

4. 之后倒入淡奶油和牛奶，继续用打蛋器搅拌均匀。

5. 最后倒入 2 滴香草精，拌匀即可。

6. 在耐高温的焗碗中先铺上一层面包丁。

7. 之后倒入能没过面包丁的蛋奶液。

8. 放入蔓越莓干、火龙果丁、猕猴桃丁。

9. 铺上剩余面包丁，表面再撒些杏仁片和粗砂糖。

10. 将焗碗放进炸篮内。

11. 炸篮放入空气炸锅中，185℃烤 12 分钟，至表面变金黄色即可。

作者君碎碎念

1. 火龙果丁和猕猴桃丁可以换成香蕉片。蔓越莓干可以换成葡萄干。如果你喜欢，也可以放点肉松进去一起烤。

2. 蛋奶液和面包丁混合后最好静置 5 分钟再烤，这样可以让面包丁充分浸透，烘烤后达到软嫩的口感。

材 料

吐司片	3 片	香草精	2 滴
鸡蛋	1 个	火龙果丁	少许
（带皮约 60 克）		猕猴桃丁	少许
淡奶油	120 克	蔓越莓干	10 颗
牛奶	70 克	杏仁片	20 克
细砂糖	25 克	粗砂糖	少许

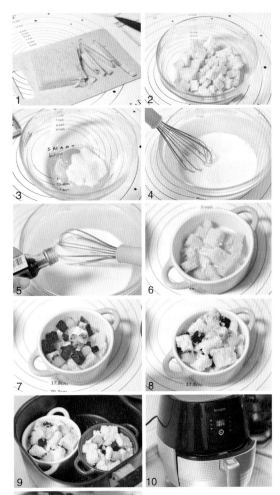

香草蛋奶布丁

分量：3 碗

烤制时间：190℃ 25 分钟

难易度：★★

材料

蛋黄…………3 个（约 45 克）

牛奶…………80 克

淡奶油…………140 克

细砂糖…………30 克

香草精…………2 滴

百利甜酒…………5 克

作者君碎碎念

1. 想要更浓郁口感的，可以把砂糖换成炼乳。

2. 如果用烤箱来做，温度设定 150℃烤 35~40 分钟即可。

3. 蛋奶液一定要过滤，烤出的布丁口感才够细腻嫩滑。

4. 水浴时热水要加足，避免烤干。

5. 如果没有百利甜酒可以不加。

做法

1. 蛋黄倒入大碗中，加入细砂糖，用手动打蛋器充分拌匀。

2. 滴入百利甜酒和香草精拌匀，最后倒入牛奶和淡奶油充分拌匀。

3. 将蛋奶液用筛网过滤一遍，倒入耐高温的焗碗中。

4. 空气炸锅的抽屉中倒入热水，放入 3 个焗碗，热水到碗的 1/3 深即可。

5. 空气炸锅设定 190℃，烤 25 分钟，表面出现焦糖斑、完全凝固住就可以了。

6. 烤好的布丁先别急着吃，放凉后进冰箱冷藏一夜后口感最佳。

香蕉随便裹点燕麦片，然后"炸"一下，金灿灿的香蕉卷就做好了，大人小孩都喜欢。

香蕉燕麦卷

- **分量：** 2 人份
- **烤制时间：** 200℃ 10~12 分钟
- **难易度：** ★

材 料

香蕉…………2 根
玉米淀粉…………1 小碗
即食燕麦片…………1 小碗
鸡蛋…………1 个
植物油…………少许

 作者君碎碎念

1. 免油炸的做法相对简单，注意不要烤太久，时间久了香蕉容易软烂，口感不好。

2. 这个卷趁热吃比较好。

做 法

1. 鸡蛋打散，搅匀。香蕉切成接近等长的段。
   香蕉不要用熟透的，稍微硬一些的比较好。

2. 香蕉段在淀粉里滚一圈，裹匀淀粉。

3. 再放进鸡蛋液里滚一下。

4. 最后放进燕麦片里滚一圈。

5. 放进炸篮中，给外面的燕麦片薄薄地刷一层植物油。

6. 空气炸锅 200℃预热 3 分钟，烤 10~12 分钟至表面变金黄色就可以了。

炸鲜奶

传统的炸鲜奶其实是广式甜点，后来被北方的餐馆纷纷仿效，所以如今在很多大饭店里都能吃到，深受女士和小朋友们的喜欢。油炸的虽然好吃，但吃多了会油腻，这个无油版的做法可以让你品尝到不油腻的炸鲜奶哦。

分量：约 12 块

冷藏时间：40 分钟以上

烤制时间：170℃ 10 分钟

难易度：★★

内馅材料

牛奶·········220 克
玉米淀粉·········25 克
白砂糖·········25 克
炼乳·········8 克
吉士粉·········5 克

外皮材料

面粉·········50 克
玉米淀粉·········20 克
水·········80 克
无铝泡打粉·········1 克
面包糠·········1 小碗

做法

1. 牛奶倒入小奶锅中。

2. 加入白砂糖和炼乳，用刮刀充分拌匀。

3. 倒入淀粉。

4. 倒入吉士粉。吉士粉溶水后颜色会发黄，是用来提味和增加奶香风味的。

5. 将材料搅拌均匀后放灶上小火加热。

6. 不停地搅拌，以免煳底。

7. 牛奶糊会越来越浓稠，一直加热到呈浆糊状，用刮刀能在底部划出划痕的样子。

8. 容器内壁事先涂油防粘。

9. 将牛奶糊倒入容器中，抹平表面后放凉，再放入冰箱冷藏 40 分钟以上至完全凝固。

10. 将牛奶糊脱模，切成方块状备用。用小刀在周围划一圈，很容易就脱模了。

11. 面粉跟淀粉、泡打粉混合，之后分数次倒入清水，拌匀至无颗粒。

12. 取刚才切好的奶块放进面糊里均匀地包裹一下。

13. 再放进面包糠里滚一圈，均匀蘸满面包糠。

14. 放进炸篮中。

15. 空气炸锅 170℃预热 3 分钟，烤 10 分钟至变成金黄色就可以出锅了。

1. 吉士粉和无铝泡打粉都算是添加剂，前者可以让奶块颜色变黄，味道更香浓；后者则可让脆皮更酥脆。没有或者介意的都可以不加。

2. 外层脆皮的面糊不宜过稀，稍微浓稠一些为好，用勺子舀起面糊后倒下时可以呈线型流下为宜。

3. 如果想要更接近油炸口感，可以入锅前在奶块的表面刷一薄层油。

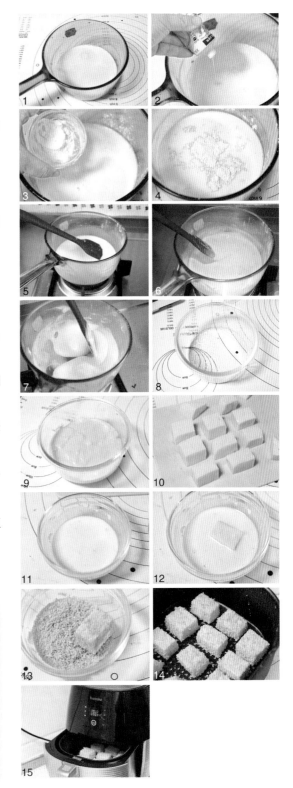

花生酱燕麦酥饼

分量：约 14 个

时间：180℃ 5~6 分钟

难易度：★

材料

燕麦片……………60 克
花生酱……………80 克
蜂蜜……………35 克
蔓越莓干……………15 克
红糖……………10 克
卡夫芝士粉……………2 克

作者君碎碎念

1. 我用的是完整谷粒的燕麦片，比较有嚼头。牙口不好的可以换成即食燕麦片，烤出来口感更细腻一些。

2. 红糖可以用白糖代替，蔓越莓干可以换成葡萄干，蜂蜜可以用枫糖或者糖浆代替。卡夫芝士粉如果没有可以不加。

做法

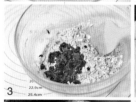

1. 将花生酱与蜂蜜混合，翻拌均匀。如果你用的花生酱是带颗粒的或者比较厚没有流动性的，可以加 7~8 克清水进去拌匀，调稀一些。

2. 倒入红糖继续翻拌均匀。

3. 倒入燕麦片、卡夫芝士粉和切碎的蔓越莓干翻拌均匀。拌至稍微有些黏的程度。

4. 分成每份 14~15 克，略微团成圆球状。

5. 放在炸篮上，压扁成饼状。

6. 空气炸锅 180℃预热 3 分钟，放入炸篮烤 5~6 分钟，见燕麦酥表面变金黄色即可。刚刚烤好的酥饼是软的，等到完全冷却下来后就会变硬变脆了。

材料

低筋面粉…………200 克
鸡蛋……1 个（带皮约 55 克）
花生油…………40 克
清水…………10 克
白砂糖………45 克
泡打粉………3 克
盐…………1 克
熟白芝麻……30 克

开口笑

分量：约 70 个
烤制时间：200℃ 20 分钟
难易度：★★

作者君碎碎念

1. 空气炸锅内有强劲热风，所以表面粘的芝麻烤好后会掉落，可以蘸芝麻前给小面团喷一次水或者是刷一层鸡蛋清，会让芝麻粘得更牢固。

2. 泡打粉不要省略，否则烤出来很难裂开口，口感也会偏硬。

3. 如果想更接近传统开口笑的口感，可以在烘烤过程中给小面团的表面反复刷几次油，这样就会有类似油炸的外皮了。

做 法

1. 将鸡蛋、白砂糖、花生油、盐、清水混合，用手动打蛋器搅拌均匀。

2. 倒入筛过的低筋面粉和泡打粉。

3. 用刮刀拌匀并团成面团，然后静置 10 分钟。

4. 将面团平均分成约 70 个 5~6 克的小球，用喷水壶在表面喷点水或者是刷一层鸡蛋清。

5. 在碗中倒入熟白芝麻，放入小球蘸满芝麻。

6. 放进炸篮中（彼此要间隔足够的距离，因为烘烤后球会变大）。空气炸锅 200℃ 预热 5 分钟，放入炸篮烤 20 分钟，至表面出现裂口、变金黄色就可以了。

香烤馍片

烤馍片，是超市里随处可见的一款小零食，价格实惠滋味也不错。但在超市里销售的零食，大部分都有防腐剂，馍片也不例外。反正馍片就是馒头片呗，索性自己烤吧。这么简单的东西，用空气炸锅十几分钟就搞定了。

- 分量：2 人份
- 烤制时间：180℃ 15 分钟
- 难易度：★

材料

中等大小的馒头………2 个
自制烧烤粉…………1 汤匙
（自制烧烤粉做法见 p.23）
孜然粉…………1 汤匙
白砂糖…………1/2 茶匙
盐…………1/2 茶匙
熟白芝麻…………1 茶匙
植物油…………2 汤匙

 做 法

1. 将馒头用刀切成厚度约 0.8 厘米的片。

2. 将所有调料混合在一起，用刷子调匀。

3. 将馒头片的两面均匀刷上调味酱料。

4. 将馒头片放到炸篮内，再放入空气炸锅中，180℃烤 15 分钟即可，完全放凉后就会变脆。

 作者君碎碎念

1. 馒头片的松软度要合适，太软的不好切片，太硬的经过高温烘烤后会牙碜咬不动。

2. 好吃的零食大多都是高油高糖的，这个不得不承认，所以油刷得越多，馒头片的酥脆度就相对越好。

3. 调味料可以根据自己的口味来决定，也可以参考超市里卖的烤馍片口味。

分量: 6 个

时间: 200℃ 15 分钟

难易度: ★

材料

春卷皮…………6 张

豆沙馅…………60 克

植物油…………2 汤匙

作者君碎碎念

1. 春卷皮在菜市场有卖，超市里也会有一些冷冻春卷皮。如果确实买不到，可以试试用馄饨皮来做。

2. 炸篮上必须刷油，春卷表面也最好刷油，这都是为了高温烘烤下让油给春卷皮形成油炸的口感。

3. 虽然也要用油，但是跟传统做法相比，油还是比较少的。

豆沙春卷

做法

1. 豆沙馅放入裱花袋（或直接把豆沙包装袋剪个小口子），将馅儿挤在春卷皮的底部。

2. 从下往上卷起，一边卷一边整理成长方形。

3. 像叠被子一样把豆沙馅包起来。

4. 这是包好的样子。把 6 个春卷皮都包好，尽量做成一样大小。

5. 在炸篮上先涂一薄层油，放入春卷后，在表面再刷一薄层油。

6. 空气炸锅设置 200℃，放入炸篮烤 15 分钟，至表面变金黄色就可以拿出来了。

空气炸锅版披萨

分量：3 个
烤制时间：200℃ 12 分钟
难易度：★★

作者君碎碎念

1. 和面团时水保留 20~30 克，根据面团的吸水性决定要不要全部加进去。

2. 蔬菜最好炒一炒，要不一烤水分都出来了，容易让馅儿和饼身分离。没有披萨酱的话可以用番茄酱代替。

3. 剩下的饼皮可以烤到八分熟后冷冻起来下次用。懒得做饼皮的，可以用吐司片或者燕麦饼底代替。

披萨饼材料

高筋面粉⋯⋯⋯⋯300 克
即发干酵母、白砂糖⋯⋯各 5 克
清水⋯⋯⋯⋯180 克
玉米油⋯⋯⋯⋯10 克
盐⋯⋯⋯⋯3 克

 馅料材料

鸡胸肉⋯⋯⋯2 块（约 500 克）
COOK100 奥尔良调味料、清水⋯⋯各 35 克
青豆、甜玉米粒⋯⋯各 1 小碗
披萨酱⋯⋯⋯⋯少许
马苏里拉芝士碎⋯⋯⋯适量

 做 法

1. 鸡胸肉洗净，把白色脂肪部分去掉，切丁。

2. 奥尔良调味料和清水混合调匀。

3. 将调好的腌料汁倒入鸡丁中，用手抓匀，放进冰箱冷藏 1 小时以上入味。

4. 将面团的所有材料混合均匀，揉成一个光滑的面团。

5. 放到温暖湿润处二次发酵到 2 倍大，取出按压排气，平均分成 3 份，每份约 120 克重。

6. 将面团擀成方形面片，放入铺了一层油纸的炸篮中，将面团往四周均匀按压铺展开，在表面用叉子戳很多的洞。

7. 空气炸锅 180℃烤 8~9 分钟让饼身半熟。

8. 腌好的鸡丁放锅中略微炒熟。

9. 在饼身上刷一层披萨酱。

10. 铺一层马苏里拉芝士碎，上面再铺上炒熟的鸡肉丁。

11. 撒上煮熟的青豆、甜玉米粒。

12. 最后铺一层马苏里拉芝士碎。

13. 空气炸锅 200℃预热 5 分钟，放入炸篮烤 12 分钟。

14. 烘烤时间还剩四五分钟时在披萨表面再撒一层马苏里拉芝士碎，然后烤到时间结束即可。

土家掉渣饼

掉渣饼曾经是风靡街头的一道小吃，后来却销声匿迹了。那诱人的烤肉香味，还有咬一口就掉渣的酥脆感，真是想想都流口水啊。既然买不到了，那就自己动手做一个家庭版的掉渣饼解解馋吧

- 分量：4 个
- 腌制时间：30 分钟
- 烤制时间：210℃ 12 分钟
- 难易度：★ ★ ★

面饼材料

普通面粉	250 克
即发干酵母	3 克
细砂糖	8 克
玉米油	10 克
清水	140 克

肉馅材料

猪肉	120 克	肉松	20 克
蒜	4 瓣	葱	小半根
姜丝	1 片	豆瓣酱、料酒	各 1 汤匙
生抽	1 汤匙	孜然粉、花椒粉	各 1/2 茶匙
		熟芝麻	1/2 茶匙

调味葱油材料

花生油	100 克
八角	2 个
桂皮	1 小段
花椒	1 茶匙
蒜	3 瓣
葱、芹菜	各半根

 做 法

1. 将面饼材料混合。

2. 慢慢加入温水，搅拌成棉絮状。

3. 揉成一个光滑的面团，放到温暖处基础发酵至原体积的 2 倍大。

4. 猪肉切小块，姜、蒜切碎，和猪肉混合。

5. 将猪肉和姜蒜碎一起剁成糜状。

6. 剁好后倒入豆瓣酱，加入料酒、孜然粉、花椒粉拌匀。

7. 再放入生抽、肉松和芝麻。

8. 将肉馅拌匀后腌制半小时。

9. 准备调味葱油：葱和芹菜都切段，蒜切片。

10. 锅中倒入油烧热，放入花椒、八角、桂皮炸香，再倒入蒜片、葱段、芹菜段翻炒。

11. 炒至颜色发黄后关火，

12. 用过滤网过滤得到调味葱油。

13. 发酵好的面团取出，在案板上按压排气，平均分成 4 份。

14. 取一份擀成厚约 0.5 厘米的大饼。

15. 之后将饼铺到炸篮内，用叉子多扎几个小眼，避免烤的时候饼身鼓起来。

16. 将准备好的肉馅均匀地铺到饼身上。

17. 表面再刷上一层调味葱油。

18. 撒上葱花和白芝麻。空气炸锅 210℃ 预热 3 分钟，放入炸篮烤 12 分钟即可。

作者君碎碎念

1. 掉渣饼的调味葱油比较关键，这样制作的葱油，用不完的可以密封保存，等到下次再用。如果一次做的饼比较多，也可以做好调味葱油后倒入蚝油、孜然粉、花椒粉、辣椒粉、盐搅拌均匀成香料酱汁，直接涂抹。

2. 猪肉糜调好后要腌制一会儿入味。如果时间来不及，就按照第一条里写的多刷一些加了料的调味油来增添风味。

3. 掉渣饼的饼身要烤到酥脆才好吃，所以第一要擀得薄一些，第二要用 200℃ 以上的高温烘烤。烘烤之前在饼表面刷上蛋黄，可以让饼身呈金黄色，口感更佳。

奶香紫薯饼

作为红薯家族中颜值最高的紫薯，真是好看又好吃的一种存在。其所富含的青花素对多种疾病有预防和治疗作用。所以用紫薯做的奶香饼对家人来说，是解馋又有营养的美食呢。

分量： 2 人份

蒸煮： 30 分钟

烘烤： 180℃ 10 分钟

难易度： ★

 材 料

紫薯…………3 个
细砂糖…………35 克
牛奶…………30 克
糯米粉…………60 克
熟白芝麻…………少许
植物油…………少许

做 法

1. 将紫薯外皮洗净，对半切开。

2. 放入蒸锅内大火蒸熟，约需要 30 分钟。

3. 将蒸熟的紫薯去皮后压成泥，越细腻口感越好。

4. 趁热加入细砂糖和牛奶，拌匀。

5. 倒入糯米粉，继续拌匀成柔软不太粘手的面团。

6. 分成每个 30 克的剂子。

7. 按扁成饼子的形状。

8. 空气炸锅的炸篮内壁先薄薄地抹一层油，再放入紫薯饼。

9. 饼表面薄薄地刷一层油，撒上熟白芝麻。

10. 空气炸锅 180℃预热 3 分钟，放入炸篮烤10 分钟即可。

 作者君碎碎念

1. 紫薯要彻底蒸熟后再压制成泥，否则会有碾不动的块状。

2. 因为大家用的紫薯含水量不同，所以给出的糯米粉用量仅供参考，加入后能让紫薯泥揉成柔软的面团即可。

3. 紫薯泥中也可以加入蜂蜜。如果有豆沙馅或其他馅料，包入紫薯面团中味道更好。

西蓝花烤饭团

分量：约 10 个

烤制时间：210℃ 8 分钟

难易度：★

材料

米饭…………250 克
西蓝花…………40 克
火腿丁…………30 克
白糖…………1 茶匙
味极鲜酱油………1 汤匙
白醋、橄榄油……各 1/2 汤匙
黑胡椒粉………1/2 汤匙
熟黑芝麻………1/2 汤匙
熟白芝麻………1/2 汤匙

作者君碎碎念

1. 米饭最好用当天煮好的，含水量高一些容易成团。

2. 拌饭团的配菜可以根据自己的喜好更换，加入金枪鱼、培根或者胡萝卜等也很好吃。喜欢芝士味道的还可以加入芝士块，享受爆浆饭团的美味。

3. 饭团里淋入的调味汁和盐可以按自己的口味调整。按照这个配方做的饭团是带一点酸爽口感的，很开胃。

4. 烤饭团要高温快烤，这样饭团的外部会变成金黄色，外焦里嫩。

做法

1. 西蓝花洗净，撕小朵，焯水后沥干，切碎。火腿切碎。

2. 米饭淋入酱油、白醋、白糖。

3. 淋入橄榄油，撒入熟芝麻、黑胡椒粉。

4. 最后把火腿丁和西蓝花碎倒进去，用手将所有食材抓匀就可以了。

5. 将拌好的菜饭分成每份 25 克，团成饭团。平铺放入炸篮中。

6. 空气炸锅 210℃预热 3 分钟，放入炸篮烤 8 分钟就可以了。

自制年糕条

材料

大米粉（粘米粉）………240 克
糯米粉…………60 克
清水…………160 克
食盐…………1 克

做法

1. 将大米洗净后晾干。

2. 将大米倒入破壁机杯子内，打成粉。大米的量最好没过刀片 3~4 厘米。

3. 将打好的大米粉过筛。

4. 大米粉取 240 克左右倒入碗中。

5. 加入 60 克糯米粉。这个糯米粉也是我自己打的，一次可以多打一些，留着用。

6. 加入食盐，用勺子拌匀。

7. 将 160 克清水一点点地倒入粉中，边倒边拌匀，最后揉成一个面团。水不要一次全加进去，要一点点地加，然后拌匀，直到面团能成团不散开就可以了。加水太少面团会干燥不成形，加水太多面团太软又会不好搓条，还容易断。

8. 将面团分成 10 份，每份 45~46 克。

9. 用手分别搓成直径 0.8~1 厘米的圆柱形。

10. 蒸锅中加水，箅子上铺上防粘的油纸，大火烧开后将年糕条铺到油纸上。

11. 盖上盖子，用大火蒸 10 分钟左右。

12. 将蒸好的年糕条迅速放进凉水里浸泡降温，大约 1 分钟后捞出，按照喜欢的长度切条即可。如果暂时不吃，可以沥干水分后密封，放进冰箱内冷冻保存。

韩式烤年糕

爱看韩剧的人对韩式炒年糕一定不会陌生，韩剧中经常会出现在街头吃着红通通热辣辣的炒年糕的镜头。其实这个小吃的做法并不难，特别是当你学会了自己做年糕，又用空气炸锅代替麻烦的炒制过程后，就不用再跑出去吃了。

材 料

自制年糕条⋯⋯⋯300 克
（自制年糕条做法见 p.201）
韩式辣椒酱⋯⋯2 汤匙
生抽⋯⋯⋯⋯1 汤匙
白糖⋯⋯⋯⋯1 汤匙
蒜瓣⋯⋯⋯⋯3 个

洋葱⋯⋯⋯⋯1/3 个
胡萝卜⋯⋯⋯半根
大头菜⋯⋯⋯4~5 片
熟白芝麻⋯⋯1 茶匙
香葱碎⋯⋯⋯少许

分量： 1 人份

烤制时间： 180℃ 15 分钟

难易度： ★★

 做 法

1. 将年糕条用水煮熟，放凉水里降温。

2. 调制烤年糕用的酱汁：将韩式辣椒酱、生抽、白糖放入小碗中，大蒜切粒后加入，然后加 3 汤匙清水拌匀即可

3. 胡萝卜擦丝，洋葱切条，大头菜切丝。

4. 大头菜用水煮到八分熟，捞出沥干。大头菜先用水煮过再烤口感会比较嫩，嫌麻烦也可以不煮。

5. 大碗中倒入大头菜、洋葱、胡萝卜、年糕条。

6. 倒入第 2 步调好的年糕酱汁拌匀。

7. 让所有的食材都均匀地包裹上酱汁。

8. 倒入空气炸锅自带的小锅或者耐高温的焗碗内。

9. 空气炸锅 180℃ 预热 3 分钟，放进小锅烤 15 分钟即可。中途将小锅拉出来翻拌一下，不然上面的食材会过干。

10. 出锅前撒点芝麻和香葱碎即可。

猪油拌饭

　　曾经的猪油拌饭，是在物资匮乏年代，人们为了解馋而创作出的一款"奢侈"美味。在来不及做菜的日子，一碗热腾腾的白米饭，放上一团凝固的猪油，再淋少许生抽，佐以盐粒、油渣，就是一碗鲜甜滑腻的人间美味了。猪油膏除了用来拌饭，更是做中式点心时极好的起酥原料。

分量：1 人份

烤制时间：190℃ 25 分钟

难易度：★

材料

猪板油（或五花肉的肥肉部分）……350 克

热米饭…………1 碗

葱花…………少许

酱油、黑白芝麻……各 1 茶匙

做法

1. 将猪板油或肥五花肉清理干净。

2. 切成丁状。

3. 铺入空气炸锅的炸篮内。

4. 温度设置为 190℃，烘烤 25 分钟左右。

5. 烤到 25 分钟的时候就会变成肉丁干了，如果想更干一些可以烤到 30 分钟。

6. 这是烤下来的猪油，很清澈。

7. 将猪油用过滤网过滤去杂质，趁热加入少许的食盐拌匀。

8. 放凉后进冰箱冷藏至凝固，就是做中式糕点常用的猪油膏了。

9. 冷藏好的猪油挖出 1 大勺放在碗里。

10. 盛上 1 大碗热米饭，凝固的猪油会被热米饭熔化，然后将米饭和猪油拌匀。

11. 倒入酱油拌匀，撒上葱花和炒熟的芝麻。

12. 最后放上炼猪油剩下的肉渣或者其他配料即可。

 作者君碎碎念

1. 熬猪油最好是用猪板油部分，买不到就用肥五花。猪板油就是肥膘，跟肥肉还是有点区别的。记得猪板油不要用水冲洗。因为水油不相融，水洗不净油污，如果猪板油弄脏了，用刀把表面的脏污刮掉即可。

2. 加食盐是为了延长保质期，防止腐坏。猪油熬好后放入密封的容器内，一般在 0℃时能保存 2 个月以上，-2℃时则可存放 10 个月。

3. 空气炸锅绝对是熬猪油利器，全程都不用看管，最后只要过滤一下猪油里的杂质就可以了。炼猪油剩下的干肉渣，用来炒菜或者拌饭都很好吃，直接吃也很香。

培根烤饭

这是没有电饭煲也可以做的一道烤饭，米粒吸收了配菜和汤汁的精华，每一口都充满了香气。

分量： 2 人份

烤制时间： 190℃ 20 分钟

难易度： ★

做 法

1. 大米洗净，沥干水分备用。

2. 锅子加热，放入黄油熔化成液态。

3. 倒入洋葱丁炒香。

4. 放入荷兰豆和青豆炒匀。

5. 加入培根、大米、黑胡椒粉、盐炒匀后关火。

6. 将炒好的米饭和配菜倒入空气炸锅自带的小锅或耐高温焗碗中。

7. 加入刚刚能没过大米的水。

8. 小锅（或耐高温焗碗）包一层锡纸，放在炸篮中。

9. 空气炸锅 190℃烤 20 分钟，再焖 10 分钟就可以出锅了。吃前略微翻拌一下。

材 料

大米⋯⋯⋯⋯250 克

洋葱⋯⋯⋯⋯1/2 个

荷兰豆⋯⋯⋯⋯30 克

青豆⋯⋯⋯⋯20 克

培根片⋯⋯⋯⋯2 片

黄油⋯⋯⋯⋯15 克

黑胡椒粉⋯⋯⋯⋯1/2 茶匙

盐⋯⋯⋯⋯1/2 茶匙

作者君碎碎念

1. 盖锡纸是为了防止表面烘烤过干，留住米饭的水分。

2. 加水量没过食材就可以了，想米饭更软一些可以多加 20 克的水。

3. 配菜提前炒过再烤更好吃，如果来不及也可以一起烤。

4. 配菜可以根据喜好换成别的食材。

番茄肉酱焗饭

分量：1 碗

烤制时间：210℃ 5~6 分钟

难易度：★★

材 料

猪肉馅	250 克	番茄	半个
盐	1 茶匙	豌豆	1 小碗
料酒	1 汤匙	黄油	20 克
淀粉	1/2 汤匙	熟米饭	1 碗
黑胡椒粉	1/2 茶匙	COOK100 意大利面肉酱…1 包
		马苏里拉芝士碎	适量

做 法

1. 猪肉馅加料酒、黑胡椒粉、食盐、淀粉混合，用手抓匀，静置 15 分钟入味。番茄切丁。

2. 黄油放入炒锅中，加热至完全熔化，倒入番茄丁炒出汤汁，放入豌豆和肉馅炒匀，加入意大利肉酱，全部炒匀后关火。

3. 将熟米饭铺入耐高温焗碗中，铺一层做好的肉酱和一层马苏里拉芝士碎，要铺满。

4. 将焗碗放入炸篮中。空气炸锅 210℃预热 3 分钟，放入炸篮烤 5~6 分钟，至奶酪表面变成金黄色即可。

作者君碎碎念

1. 大家用的芝士牌子不同，所以烤制时间要根据上色情况灵活调整。

2. 如果买不到这种意大利面肉酱，也可以加入番茄丁后加洋葱、番茄酱、黑胡椒碎、食盐炒成酱汁，再加肉馅，但味道会略差一些。

我小时候最爱煮饭时锅底那层烤得焦脆的锅巴，米饭的焦香混合着嘎嘣声吃起来可过瘾了。后来用电饭煲煮米饭，就再也吃不着这个了。有了空气炸锅，让你一次吃个够。

海苔肉松锅巴

┌─── 分量：1 碗
├─── 烤制时间：180℃ 25 分钟
└─── 难易度：★★

材料

米饭…………200 克
植物油…………1 汤匙
自制海苔肉松…………25 克
（自制海苔肉松做法见 p.218）

作者君碎碎念

不同的空气炸锅温差不同，所以烤制时间以烤到表面金黄、口感酥脆为准。

做法

1. 米饭中加入植物油、海苔肉松。

2. 用手将米饭和调味料翻拌均匀，取一半放入保鲜袋中。

3. 用擀面杖擀成大薄片，越薄越好。

4. 放入冰箱里冷冻到变硬后再拿出。

5. 用刀子切成条状。

6. 平铺放入空气炸锅的炸篮中，再放入空气炸锅，180℃烤25分钟，变成硬硬的锅巴即可。放入炸篮中时不要叠放，以免烘烤后粘在一起。

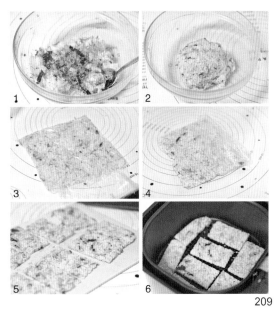

烤红薯

分量：2人份

烤制时间：200℃ 40分钟

难易度：★

材料

红薯…………6个

作者君碎碎念

1. 空气炸锅烤的红薯最好选小一些的，比较容易平铺放入炸篮内。

2. 红薯烤熟后会渗出糖汁，尤其是蜜薯，所以最好在空气炸锅的抽屉里垫一层锡纸。洗炸篮时如果粘上了糖汁，可以先浸泡一会儿，就很容易清理了。

3. 烤箱烤红薯一般需要60分钟，空气炸锅烤同样的30分钟左右就熟了，但如果想烤出更多的蜜汁就需要再多烤十几分钟。

这年头卖红薯的摊子已经不像以前那样随处可见了。就算有，也大多是用工业化工原料桶改造的炉子，看起来就觉得不太干净。所以有了空气炸锅后，干脆就自己做吧，一样能烤出好吃的蜜汁来。

做法

1. 红薯洗净，用厨房用纸擦干表面。

2. 将红薯平铺放入空气炸锅的炸篮内。

3. 空气炸锅200℃烤40分钟即可。

4. 烤好的红薯会有糖汁渗出，趁热吃最好吃。

糖烤栗子

材料

板栗…………300 克
植物油…………1 汤匙
砂糖…………1/2 汤匙
蜂蜜…………3 克
清水…………25 克

作者君碎碎念

1. 烤的栗子最好选个头小一些的，太大的容易烤不透。

2. 栗子上一定要割口，不然高温下容易爆开。而且割口之后再刷蜂蜜水就会浸到栗子肉里去也好吃。

3. 栗子大小不同，烘烤时间也不同，但不要超过 20 分钟，否则栗子会太干。

金秋时节板栗香，正是吃栗子的好时候。虽然剥皮费麻烦，但香甜软糯的栗子肉真是让人欲罢不能。市场上卖的栗子都是用大铁锅炒的，吃完后一手的油灰泥。用干净的油和糖来做，一样能烤出好吃的糖烤栗子来。

做法

1. 板栗用水洗净，每个都用刀或剪子割一个小口。割口不要太深，轻轻将表皮切穿就可以了。

2. 板栗中放植物油拌匀。砂糖加蜂蜜和清水拌匀。

3. 栗子放入炸篮中，再放入空气炸锅，185℃烤 15 分钟。

4. 烤到八九分钟的时候暂停程序，在栗子表面尤其是割口位置刷一层蜂蜜糖水，然后继续烤到时间结束即可。

琥珀桃仁

分量：2 人份

烤制时间：190℃ 12~13 分钟

难易度：★

材 料

核桃…………200 克

黑芝麻、白芝麻………共 6 克

蜂蜜…………35 克

白糖…………12 克

作者君碎碎念

1. 这个做法比传统的炒锅熬糖法更加简单，就是在刚开始加入清水拌匀的时候，一定要尽量让核桃仁均匀地裹上蜂蜜和白糖才好。如果你没把握，也可以先用清水加蜂蜜和白糖调成蜂蜜糖水，再加入到核桃仁里拌匀。

2. 糖水沸腾再冷却后容易形成糖块粘锅，可以铺一层锡纸避免糖液粘在炸篮上。

 做 法

1. 将核桃洗一下，沥干。

2. 核桃中倒入蜂蜜、白糖、炒熟的芝麻和 20 克清水。如果有麦芽糖，也可以加 1 勺进去，麦芽糖会让核桃的糖浆呈金黄色，味道更好吃一些。

3. 用勺子拌匀，让核桃尽量裹上糖水和芝麻。

4. 在炸篮底部垫上锡纸，平铺放入核桃。

5. 空气炸锅 190℃烤 12~13 分钟即可。烤到 7 分钟的时候蜂蜜糖水会因高温而沸腾起泡，可以把炸篮拉出来将核桃翻拌一下再继续烤，最后几分钟盯着别烤煳了。

6. 烤好的核桃趁热铺到不粘烤盘上，彻底凉透后掰开，密封常温保存即可。

分量：2 人份

烤制时间：180℃ 10 分钟

难易度：★

油炸花生米

材料

生花生…………250 克
花生油…………1 汤匙
食盐…………1/2 茶匙

作者君碎碎念

1. 花生过水后再烤，不容易把表面烤黑。

2. 花生不吃油，再加上本身烘烤后会出油，所以加 1 汤匙花生油足矣。

3. 花生要稍微放凉后再加入食盐，不然盐受热溶化，口感就不好了。

做法

1. 花生剥壳后取花生米，用水洗一遍后晾干。

2. 倒入花生油，充分拌匀。

3. 倒入炸篮内均匀平铺。

4. 空气炸锅 180℃烤 10 分钟。

5. 烤好的花生米已经像油炸过一样了。

6. 将花生米倒入大碗中稍微放凉，再加入少许的食盐拌匀就可以吃了。

木乃伊酥皮肠

万圣节的时候最适合做鬼怪美食了，跟南瓜怪和骷髅精相比，我还是更爱萌萌的木乃伊小人，比如这个烤肠木乃伊，实在是太呆萌了。

┌ **分量**：2 个
├ **时间**：180℃ 12 分钟
└ **难易度**：★

材料

粗香肠…………2 个
飞饼皮（或法式酥皮）……2 张
眼球糖…………4 个

作者君碎碎念

1. 飞饼皮（或法式酥皮）如果买不到，就擀点粗面条来代替，缠上后抹点油再烤，180℃烤15分钟，面条也是变熟后出锅即可。如果实在懒得擀面，就直接买那种袋装的粗面条，用水煮熟后缠好，抹点油，200℃烤8分钟后出锅。

2. 不同的空气炸锅温差不同，因此以饼皮变金黄色且膨胀为准。用面条的就以上色为准。

3. 这个小人的表情全靠眼珠，可以弄个对对眼也可以弄个歪眼珠，总之怎么好玩怎么来吧。

 做法

1. 所有的材料准备好。香肠尽量用粗粗短短的那种，这样包出来的木乃伊很可爱，太瘦长的做出来就没那么可爱了。

2. 将飞饼皮切成宽 0.3 毫米的细条。

3. 先取 4~5 根飞饼皮，包出木乃伊的头部来，包的时候可以模仿阿拉伯人包头的样子来缠。

4. 空出一段距离当作木乃伊的脸部，再把剩下的身体部分用饼条缠起来。每段饼条的末端都要稍微压紧粘牢，以免烘烤的时候鼓起脱落。

5. 这是两个香肠都缠好的样子，放到空气炸锅的炸篮中，表面刷少许鸡蛋液。

6. 空气炸锅设置 180℃烤 12 分钟，至饼皮膨胀、表面变为金黄色后拿出。

7. 烤好后用蜂蜜把眼珠糖粘上，稍微晾干后插入长竹签即可。如果没有眼珠糖，可以把白色沙拉酱装入裱花袋或塑料袋中，剪开一个小口，挤出两个圆形的眼白来，再用海苔或紫菜剪两个圆形的眼珠放上去就行了。

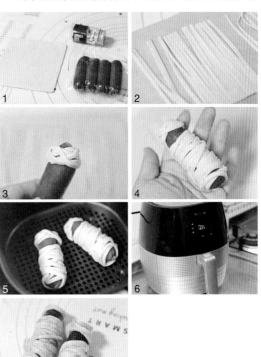

自制猪肉脯

好吃的猪肉脯，一直都算是零食中的奢侈品。但如果能自己做，就会发现它其实也没那么神秘，而且会比市售的更加美味。

┌┈ 分量：4 大片
├┈ 烤制时间：175℃ 40 分钟
└┈ 难易度：★★★

材料

猪颈背肉…………500 克
生抽、鱼露………各 30 克
料酒…………25 克
白糖…………80 克
黑胡椒粉…………1 茶匙
食盐、红曲粉………各 1 茶匙

刷料

蜂蜜…………15 克
清水…………15 克
熟白芝麻…………1 小碗

做法

1. 颈背肉清理干净后切成大块，将白色的肥肉去一去。

2. 把肉绞成细腻的肉馅，放入盆中。

3. 先倒入料酒。

4. 加入生抽、黑胡椒粉和食盐。猪肉铺要味道重些才好吃，所以加料时可以适当多加一些。

5. 加入白糖、鱼露。甜度可以根据自己的口味调整。鱼露也就是俗称的鱼酱油，是猪肉脯提味的关键。

6. 最后加红曲粉。这个可以让烤出来的猪肉脯颜色更好看。

7. 将肉馅和调味料拌匀，顺着一个方向搅打上劲，静置半小时入味。

8. 从腌制好的肉馅中取出一团来，倒入保鲜袋中，保鲜袋的宽度要跟空气炸锅炸篮的宽度差不多。

9. 隔着保鲜袋将肉馅擀成片，擀得越薄越好。

10. 这是擀好的样子，薄薄的一层肉片。

11. 将肉片放进冰箱冷冻室内冷冻 1 个小时，待其稍微定型。

12. 将蜂蜜和水调和成蜂蜜水。

13. 取出冻好的肉片，将保鲜袋剪开，将肉片平铺到炸篮中。

14. 空气炸锅 175℃ 预热 3 分钟。在肉片表面先刷一层蜂蜜水，再撒一些白芝麻，将炸篮放入空气炸锅中加热 10 分钟。

15. 此时的肉脯已经定型了，将其翻面，再刷一遍蜂蜜水、撒一些白芝麻，然后放回炸篮中再烤 10 分钟。

16. 如此反复，差不多每隔 10 分钟翻一次面，一直烤到肉脯的四边翘起、水分变干就差不多了。临近烤好的时候需要在旁边看着，千万别烤煳了。

17. 烤好后拿出肉脯，将四周烤焦的、不规则的地方切掉，然后切块即可。

作者君碎碎念

1. 猪肉最好是选择颈背肉，要偏瘦一些，这样在烤制的时候肥肉部分才不容易出油回缩。剁肉馅时一定要剁得很细很细。

2. 红曲粉是加深颜色用的，没有的话也可以用老抽调色。

3. 如果做的猪肉脯比较多，可以先把肉馅放到保鲜袋里擀成若干个跟炸篮差不多大小的肉片，之后冷冻 1 小时定型后再撕开保鲜袋将肉片放到炸篮上烤，这样烤完一盘后，就可以再从冰箱里拿另一片直接烤。不但速度快效率高，失败率也会低很多。

4. 烤肉脯需要每隔 10 分钟就翻面，如果是擀得很薄的，可能七八分钟就要翻一次，大家做的时候就待在旁边看着吧，不然很容易烤煳的。

海苔肉松

肉松是很多小朋友都爱吃的美食，只不过外面卖的肉松都比较贵，太便宜的又担心用的肉不够健康。学会这个自制肉松的方法后，自己买肉做才十几二十块的成本，和外面 200 克肉松二十多元的价格一比，不但划算，还很放心呢。

分量：1 盘

烤制时间：110℃ 20 分钟

难易度：★ ★ ★

煮肉材料

里脊肉…………300 克
料酒…………1 汤匙
生抽…………1 汤匙
八角…………2 个
花椒…………10 粒
香叶…………2 片
葱段…………少许
姜片…………4 片

肉松材料

鱼露…………2 汤匙
白糖…………1/2 汤匙
植物油…………1 汤匙
熟白芝麻…………1 茶匙
海苔片…………少许

做法

1. 里脊肉切成大拇指粗细的条状。

2. 将肉条放入开锅中汆水，撇去白色浮沫。

3. 捞出沥干，放入电压力锅里。

4. 倒入料酒、生抽、八角、花椒、香叶、葱段、姜片，选择煮肉模式煮熟。

5. 煮好的里脊肉放凉。

6. 将里脊肉粗略撕成细条。

7. 放入保鲜袋中，用擀面杖来回擀压成薄片。

8. 擀好的肉片倒入碗中，再加入白糖、芝麻、鱼露、植物油，充分拌匀。

9. 炸篮中铺上一层锡纸，将里脊肉片倒入。

10. 炸锅设定 110℃，放入炸篮烤 20 分钟。

11. 需要每隔三四分钟就用木铲翻拌一下，避免最上面一层烤得太干。此阶段一定要多翻拌几次，最好是带上隔热手套使劲一攥，一来可以避免上层的肉松烤得太干，让食材能够均匀受热；二来可以让肉松更加膨松。

12. 随着水分的蒸发和翻拌，肉松就渐渐变干、变得膨松了。

13. 出锅前 2 分钟，将剪成段的海苔片放进去拌匀，等到时间结束即可。

14. 出锅后用手多抓一抓，让它更膨松一些。

15. 肉松放凉，装进密封盒内冷藏保存即可。

 作者君碎碎念

1. 肉松最好是用里脊肉来做。

2. 海苔片要最后放，否则会烤焦。

3. 这款肉松比较适合小孩子，可以根据个人喜好添加其他调味料。

4. 煮肉的目的一是入味，二是可以轻松把肉块撕开，用压力锅可以加快速度。

自制鱿鱼丝

鱿鱼丝是广受欢迎的一种解馋小零食，我也很喜欢，总爱在追剧的时候来点。但因为市面上的鱿鱼丝大部分都加了淀粉增重，有一些小作坊还加了甲醛防腐，所以总不能安心地吃，干脆买个大鱿鱼自己来做吧。虽然费点时间，但起码吃得比较放心。

晾晒时间：24 小时

烤制时间：130℃ 15 分钟

难易度：★★

材 料

生鱿鱼…………1 条

自制烧烤酱…………2 汤匙

（自制烧烤酱做法见 p.23）

蜂蜜水…………2 汤匙

做 法

1. 生鱿鱼洗净，从中间部位剪开。有新鲜的鱿鱼最好，没有的话用冷冻的也可以。

2. 将鱿鱼的墨囊、牙、眼睛都去除干净。

3. 将鱿鱼分成两半，鱿鱼腿留着炒菜或烧烤吃，只留上半部分。

4. 把鱿鱼肉挂起来，放在阴凉通风的地方，晾 24 小时左右。

5. 晾干的鱿鱼切成两半，放到炸篮中。

6. 将炸篮放入空气炸锅，设置 130℃烤 8 分钟。如果不想鱿鱼卷起来，可以压一个耐高温的大碗在上面。

7. 准备好烤肉酱和蜂蜜水。烤 8 分钟后暂停程序，在鱿鱼的两面分别刷一层烤肉酱和一层蜂蜜水，之后继续烤 3~4 分钟，看看鱿鱼的状态。

8. 继续刷烤肉酱和蜂蜜水，再烤 2~3 分钟，待鱿鱼表面稍微变干些就可以拿出来了。烤过的鱿鱼，白色那一边会有一些条纹的纹理出现，等到不烫手了，顺着肉的纹理撕成细条即可。

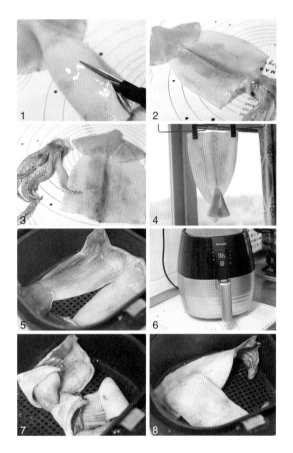

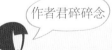

作者君碎碎念

1. 生鱿鱼一定要先晾晒一天再烤，直接烤不会有这种能撕成丝儿的韧性。

2. 没有烧烤酱的话可以用一点点生抽代替，不过最好还是用烧烤酱，比较好吃。

3. 烤鱿鱼时要低温烘烤，温度高了就会变成那种烤鱿鱼的肉菜了，也就没法撕成条了。

4. 风干的鱿鱼干也可以做鱿鱼丝，但因为鱿鱼干本身比较咸，风干后的还需要在清水里充分浸泡变软后再烤，感觉不如用生鱿鱼做的好吃。

5. 把鱿鱼换成墨鱼也是可以的，就做出墨鱼丝了。

自制虾干

分量：1 盒

浸泡时间：30 分钟

烤制时间：180℃ 15 分钟

难易度：★

材料

鲜虾………500 克

葱段………4~5 个

姜片………3 片

盐………1/2 茶匙

清水………2 大碗

作者君碎碎念

1. 用 500 克鲜虾大概能做出 250 克的虾干来。

2. 虾的种类可以随意，但最好用个头比较小的，比如基围虾。太大的虾不容易烤干。

3. 不同的空气炸锅温度有差别，烤的时候要注意观察，如果觉得有焦黄，赶紧将温度调低，避免烤糊。

做法

1. 新鲜虾清洗干净后去虾枪和虾须。

2. 锅中倒入鲜虾，放入葱段、姜片还有盐。

3. 加入能没过所有材料的清水，大火煮到沸腾后关火。

4. 将虾留在锅里浸泡半小时入味。

5. 把虾捞出沥干，铺入炸篮内。

6. 空气炸锅设置 180℃，放入炸篮烤 15 分钟，待虾肉与壳分离即可。

分量：1 罐

烤制时间：140℃ 10 分钟

难易度：★

材 料

燕子鱼干…………300 克

辣椒酱、白砂糖………各 1 汤匙

橄榄油、蜂蜜…………各 1 汤匙

熟白芝麻…………1/2 汤匙

作者君碎碎念

1. 如果没有燕子鱼干，可以换成小银鱼干等其他鱼干。买来的鱼干都比较硬，所以需要浸泡一会儿，让鱼干变软的同时可以让其味道不那么咸。

2. 不能吃辣的话把辣椒酱换掉，用生抽加糖腌制，白糖可以多放点，烤出来比较好吃。

3. 烘烤鱼干的温度不要过高，否则容易煳。这个分量烤 10 分钟就可以了。

 做 法

1. 将小鱼干放进大碗里，加入清水浸泡半小时洗去灰尘，沥干备用。

2. 辣椒酱放入碗中，加入白砂糖、橄榄油、熟白芝麻，搅拌均匀成甜辣酱汁。

3. 将甜辣酱汁倒进小鱼干里拌匀，再倒入少许蜂蜜拌匀。

4. 将小鱼干铺到炸篮内。空气炸锅设置 140℃，放入炸篮烤 10 分钟即可。烤好的小鱼干先放到平盘内放凉，暂时不吃的密封保存。

甜辣小鱼干

健康炸薯片

看电影、聚会、野餐……薯片都是大家喜爱的零食。但是那又香又脆的薯片里一直都有让宝妈们担忧的各类添加剂。为了健康，远离添加剂，自己动手，一样能做出香脆美味的炸薯片。

材 料

大土豆…………1 个
清水…………1 碗
砂糖…………1/2 茶匙
盐…………1/3 茶匙

自制烧烤粉…………1 茶匙
（自制烧烤粉做法见 p.23）
花生油…………1 汤匙

分量：1 人份

烤制时间：120℃ 30 分钟

难易度：★

做 法

1. 土豆洗干净后去皮。

2. 切成大薄片，越薄越好。

3. 将土豆片放进清水里浸泡片刻泡去淀粉，沥干，用厨房纸巾吸一吸表面的水。

4. 加入花生油。

5. 撒烧烤粉、白糖、盐。

6. 拌匀，让土豆片充分蘸匀调味料。

7. 平铺放入炸篮内。

8. 空气炸锅 120℃预热 3 分钟，然后放入炸篮烤 30 分钟。

9. 随着水分蒸发，土豆片体积会渐渐缩小。如果放的土豆片比较多，可以烤 10 分钟后把粘在一起的土豆片轻轻剥离再烤。

10. 烤好的土豆片应呈金黄色，表面带少许气泡的硬片状，放凉后口感才是脆的。

作者君碎碎念

1. 空气炸锅内有高速热风，所以比用烤箱来做可以缩短一半以上的时间。

2. 土豆片上的油越多最后出来的口感越酥脆，烘烤的时间要根据土豆片的厚度和时间适当调整，以你想要的口感来决定。烘烤温度不要超过 130℃，否则容易煳。

3. 调味料可以根据自己的喜好调整，麻辣味、孜然味、奥尔良味……如果想吃多种口味，就等薯片炸好后再分别撒调味料拌匀。

笑脸薯饼

这是西餐厅里常见的笑脸土豆饼，不光小孩子爱吃，就连大人们看见了也瞬间感觉心情变好。所以，让我们把餐厅里常见的这个小零食重温一遍吧。

┌┄┄ **分量：** 2 人份

├┄┄ **烤制时间：** 200℃ 15 分钟

└┄┄ **难易度：** ★★★

做 法

1. 将土豆洗净，去皮切片，放锅上蒸熟，一直蒸到用筷子能戳透的状态。

2. 将土豆用擀面杖捣成泥状。

3. 加入淀粉和盐、黑胡椒粉。

4. 揉成一个面团。淀粉可以分次加，用量以能揉成不粘手的土豆泥面团为准，可以先少量添加，边加边感觉，不粘手即可。加太少则土豆泥会粘手，加太多则味道变差。

5. 案板上稍微撒点粉防粘，将土豆泥面团擀成大薄片状，厚度在 0.5 厘米左右。可以隔着保鲜膜来擀，避免粘在手和擀面杖上。

6. 用圆形饼干模切出圆片状。

7. 用筷子的一头戳出两个圆洞，要戳得深一些，最好戳透，否则过会一炸就变形了。

8. 用小勺末端压出嘴部的曲线。如果反着压，就会变成哭脸。这一步可以让家里的孩子们来帮忙，就变成一个很好的亲子游戏了。

9. 将全部的土豆片都做好。土豆泥面团可以重复擀压，直到将所有的土豆泥都用完。

10. 把做好的笑脸土豆平铺入提前涂了一层薄油的炸篮，表面涂一薄层油，200℃烤15分钟即可出锅。

作者君碎碎念

材 料

土豆…………3 个

玉米淀粉…………60 克

盐…………1/2 茶匙

黑胡椒粉…………1/2 茶匙

植物油…………少许

1. 这个笑脸土豆看似简单，其实做好也不容易。你可能会面对诸如土豆泥湿黏不成形、擀片时擀不成形、切圆片后粘在一起等很多问题。所以从做土豆泥这一步开始就要注意了，土豆尽量用蒸熟的，不要图省事，切成片后用水煮熟，这样出来的土豆含水量很大，加再多的淀粉进去也是黏糊糊的。

2. 因为土豆泥含水量不同，所以最后加的淀粉量也会不同，以刚刚能揉成不粘手的土豆泥面团为准。

3. 笑脸的厚度以 0.5 厘米最佳，薄了不好刻五官，厚了又会炸不透，影响味道。如果论口感，油炸的肯定最好，但给小朋友或者怕胖人士吃的话，空气炸锅版在注重低油健康的基础上还是挺美味的。

自制薯条

分量：2 人份

烤制时间：200℃ 20 分钟

难易度：★

材 料

土豆…………3 个
花生油…………1 汤匙
番茄酱…………少许

作者君碎碎念

1. 薯条切太细会烤焦，切得粗又烤不透，所以小拇指粗细就可以。一定要泡清水或冲洗淀粉后再炸，否则口感不脆

2. 薯条一定要沥干，炸出来才会外脆里软。烤的时间根据你想要的薯条硬度适当调整。

3. 加入薯条的油越多，薯条的酥脆感越大。在少油和口感之间，大家自己灵活调整。

做 法

1. 土豆洗净后削皮，切成小拇指粗细的长条。

2. 土豆条放到清水里浸泡半个小时，或用流水反复冲洗，洗去土豆里的淀粉。

3. 土豆条沥干，用厨房纸巾吸一吸表面的水，放入大碗中，倒入花生油。

4. 将薯条跟油充分拌匀。

5. 平铺放入炸篮内。

6. 空气炸锅设置 200℃，放入炸篮烤 20 分钟。中间可以抽出来翻动两次，待薯条变成金黄色、脆脆的即可出锅，蘸番茄酱食用。薯条最好趁热吃，冷了就会变软。如果不想蘸番茄酱吃，可以撒点盐进去再烤。

分量：1 罐

烤制时间：160℃ 15 分钟

难易度：★

材料

莲藕…………1 段
清水…………少许
白醋…………1 汤匙
盐…………1/2 茶匙

作者君碎碎念

1. 莲藕切片后滴入食醋浸泡，可以减缓变黑。

2. 藕片切得越薄烤出来的口感就越脆。

3. 加热时间与藕片厚度有关，要灵活调整。烤完的藕片会变得干干的，一掰就断。

4. 藕片烤到差不多一半多的时间，就会重量减轻被空气炸锅里的强热风吹散了。所以一锅可以多烤一些。

莲藕脆片

做法

1. 莲藕去皮后切成很薄的片。

2. 切好的藕片放入水中，倒入白醋充分浸泡。
   这一步的目的是去除藕片表面的淀粉，否则做好后口感不脆。

3. 泡好的藕片用厨房纸巾吸去水分。

4. 将藕片放到炸篮中，撒一点盐调味。喜欢胡椒粉味道的可以撒一点进去。

5. 空气炸锅 160℃ 烤 15 分钟，待藕片变干即可出锅。

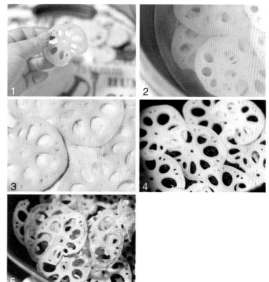

自制杨梅干

分量：1盒

烤制时间：130℃ 30分钟

难易度：★

材料

新鲜完整的杨梅⋯⋯⋯500 克
冰糖⋯⋯⋯⋯180 克
清水⋯⋯⋯⋯2 大碗

作者君碎碎念

1. 杨梅汁很好喝，所以开始熬煮的时候可以多加点水，中途倒出来一大半当果汁喝。

2. 熬煮过程中注意用锅铲经常搅拌，防止粘锅。

3. 想延长保存时间的可以最后的收汁阶段滴一些柠檬汁进去。

4. 最后的烤制过程可以根据自己想要的口感调整，但温度不要超过130℃，烤煳就不好吃了。

做法

1. 杨梅用淡盐水浸泡半小时，冲洗净，沥干，倒入锅中，倒入没过杨梅的清水，加入冰糖，开中火熬煮。

2. 煮到水开后改小火，继续熬煮到冰糖溶化，这时的杨梅会析出汤汁，颜色变深。

3. 倒出一半杨梅水（可作为果汁饮用），剩下的继续熬煮，煮到汤汁变少后注意翻拌。

4. 炒好后汤汁较黏稠，杨梅体积也缩小很多。

5. 熬好的杨梅干放入炸篮内。空气炸锅130℃烤30分钟。

6. 烤好的杨梅干放凉后放入粗砂糖中滚一圈即可。不吃的时候密封保存。

分量： 2 个苹果

烤制时间： 第一次 120℃ 30 分钟
第二次 110℃ 20 分钟

难易度： ★

材料

苹果…………2 个
柠檬汁…………15 克
清水…………1 大碗

作者君碎碎念

1. 加柠檬汁是为了防止苹果片氧化变黑，让烤出来的苹果片保持正常的苹果果肉的颜色。

2. 每次烤的苹果片可以多放一些，烤到半干的时候有些会粘在一起，把它们轻轻地分离开继续烤就可以了。

3. 刚烤好的苹果片还会有些软，冷却下来就会变得嘎嘣脆了。如果冷下来也还是软，就说明火候不够，要继续烤。烘烤时温度不要超过 120℃。如果用烤箱做时间要延长一倍。

做法

1. 苹果充分洗净，切成 1 毫米厚的片。

2. 大碗中倒入清水，挤入柠檬汁。

3. 放入苹果片浸泡 10 分钟。

4. 之后用厨房纸巾吸一吸苹果片表面的水分。

5. 平铺放入空气炸锅的炸篮中。

6. 空气炸锅 120 ℃ 烤 30 分钟后，再调到 110℃ 继续烘烤 20 分钟到苹果片彻底变干变脆就可以了。放入密封容器中保存。

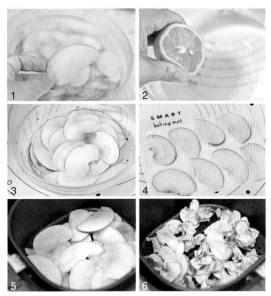

自制芒果干

分量：1 罐

烤制时间：120℃ 45 分钟

难易度：★

材料

芒果……………4 个
清水…………300 克
冰糖…………100 克

作者君碎碎念

1. 做蜜饯的芒果要用熟透的，味道才最好。

2. 烘烤时间要根据芒果的大小、厚度以及想要的口感灵活调整，温度不要高于 130℃，否则芒果容易变色。

3. 不太能吃甜的话可以不泡冰糖水，直接将芒果烘干，味道也不错。

做法

1. 将芒果的外皮用盐搓洗干净。

2. 去皮后切成厚约 3 厘米的芒果片备用。

3. 小锅中放入冰糖，倒入清水，煮到冰糖全部溶化。

4. 将芒果片放入冰糖水中浸泡半小时。

5. 将芒果片捞出沥干，平铺放入炸篮内。

6. 空气炸锅设置 120℃，放入炸篮烤 45 分钟即可。

分量：1 人份

烤制时间：130℃ 40 分钟

难易度：★

材料

菠萝…………1 个

淡盐水…………1 碗

 做 法

1. 菠萝去皮，切大块，用盐水浸泡半小时，再切片。菠萝片的厚度在 0.5 厘米左右即可，不要太薄。

2. 将菠萝片平铺进炸篮中。

3. 空气炸锅设置 130℃，放入炸篮烤 40 分钟，变成菠萝干即可。

作者君碎碎念

1. 菠萝不建议切得太薄，否则烤完后会比较干瘪，嚼起来没有脆嫩的口感。大家可根据菠萝大小及自己喜欢的脆嫩程度，适当调整烤制的时长。

2. 如果喜欢更甜一点的口味，可以在菠萝片上面撒少许砂糖。

3. 这个如果用烤箱做，时间就要延长到 1 小时以上才能烤好。

香烤菠萝片

甜烤胡萝卜片

虽然说胡萝卜营养丰富，尤其是可以保护视力，特别适合学生们多吃，但因为它的味道不讨喜，所以很多孩子不爱吃。这个甜丝丝的胡萝卜脆片可以解决这个问题，还方便携带，随时补充营养。

┈┈ 分量：1 小罐

┈┈ 烤制时间：110℃ 40~50 分钟

┈┈ 难易度：★

 材 料

胡萝卜…………2 根
冰糖……………40 克
清水…………350 克

 做 法

1. 胡萝卜洗干净后削皮，切成厚薄均匀的薄片，厚度 0.3~0.4 厘米最佳。

2. 取一个小锅，倒入胡萝卜片，再加入 40 克的冰糖。

3. 倒入能没过胡萝卜片的清水。

4. 将小锅放到燃气灶上，开大火煮到水开。

5. 等水沸腾后改中小火慢慢煮，让胡萝卜充分吸收糖分。

6. 大概煮 20 分钟就差不多了，此时的胡萝卜已经煮得很软，滋味也进去了。

7. 关火后将胡萝卜片捞出，用过滤网控干，铺到炸篮中，再将炸篮放入空气炸锅中。

8. 空气炸锅 110℃烤 40~50 分钟，将胡萝卜片的水分完全烤干即可。密封保存，随取随吃。

 作者君碎碎念

1. 不要用生胡萝卜直接烤，烤出来会有一股生涩味，不好吃。冰糖煮过的胡萝卜片味道好，脆度也更好一些。

2. 胡萝卜用糖水煮完后会变得比较软且易碎，尤其是切得比较薄的，所以在控水和拿取烘烤的过程中要注意一下，控水过程可以长一些，尽量控干些再烘烤，同时控干些也方便拿取。

3. 完全烤干的胡萝卜片因为有糖分附着，所以表面会亮亮的并且发黏，如果你想要一片片完整分离的，就得都铺匀了烤，比较费时间。不介意外观的，可以层叠起来烤。

4. 不同空气炸锅温差不同，不同品种胡萝卜的含水量不同，所以烘烤时间要根据实际情况灵活调整。

自制美味辣条

如果让我形容它的味道，那就是——不是肉丝，却比肉丝更加美味。那是略带刺激的醇香，一点点的辣、一点点的甜、再加上一点点的咸和一点点的香，咬一口，劲道十足。

材料

腐竹………250 克	香叶………2~3 片	孜然粉………1 茶匙
花生油………2 汤匙	小茴香………1 茶匙	干辣椒碎………1 茶匙
葱、姜、蒜……各少许	辣椒粉………1 茶匙	白糖………2 汤匙
花椒粒………1 汤匙	五香粉………1 茶匙	生抽………1 汤匙
八角………4 个	花椒粉………1/2 茶匙	清水………少许

分量：2 人份

烤制时间：第一次 200℃ 10 分钟

第二次 150℃ 15 分钟

难易度：★★

 做 法

1. 买来的腐竹需要先泡软后再用，一般需要泡 3 小时以上才会完全变软，之后沥干。

2. 在腐竹中倒入花生油，充分拌匀，让每一片腐竹都能包裹上油。

3. 倒入炸篮中平铺。

4. 空气炸锅 200℃烤 10 分钟。

5. 取出烤好的腐竹，此时腐竹经过抹油并高温烘烤后会变成有点金黄色、有点半透明并发硬状态了。

6. 准备熬煮辣条的调味料：葱切段，蒜切末，姜切丝，其他调味料也都准备好。辣条之所以好吃，就是调味料多、口味重，所以我做的这个版本也是重口味的，清淡口味的可以适当减量。

7. 锅中倒油，置于中小火上，先放葱、姜、蒜炒香，再放八角、花椒粒、茴香粒、香叶继续炒香。

8. 放入腐竹，倒入生抽继续炒匀，再倒入花椒粉、辣椒粉、辣椒碎、五香粉、孜然粉翻炒。

9. 最后倒入白糖，将糖炒化。此时如果锅里汤汁过少可以适量加点清水进去，让辣条熬煮一下入味。

10. 不停翻炒，一直炒到水分收干，所有调味料的滋味都融进辣条里去。

11. 此时的辣条还是软的，如果想达到市售辣条的口感，需要用空气炸锅烘干一下再吃。温度不要高，150℃左右烘烤 15 分钟就可以了。

作者君碎碎念

1. 用空气炸锅炸腐竹比用油炸能节省一大半的油。

2. 熬煮的时候一定要勤翻炒，让腐竹尽快入味。

3. 调味料里面还可以加入老干妈酱或者烧烤粉等。

空气炸锅版干脆面

分量：3 大片
烤制时间：200℃ 8 分钟
难易度：★

材料

细面条·········150 克
蚝油·········1 汤匙
花生油·········2 汤匙
自制烧烤粉·········1 茶匙
（自制烧烤粉做法见 p.23）

作者君碎碎念

1. 面条可以自己做也可以买现成的，最好是自己做鸡蛋面，烤出来很香。

2. 烤的时间要根据面条的干湿度和粗细等灵活调整。烤到最后几分钟的时候抽出来试试面条的硬度，别烤煳了。

3. 干脆面本身的味道不会太重，口味重的可以烤好后撒点椒盐或者孜然粉。

做法

1. 锅里烧开水，下入面条煮至断生。

2. 面条过一下凉水，捞出来控干，加入花生油、蚝油，撒入烧烤粉。也可根据自己喜好放入五香粉、孜然粉、咖喱粉、香葱末等。

3. 用手将面条和调味料翻拌均匀，拌好后尝一下咸淡，视需要调整调料的用量。

4. 拌好的面条取 1/3 铺入空气炸锅的炸篮内，尽量铺匀些，不要太厚，这样锅内的热风才好通过炸篮底部的洞眼循环。

5. 将炸篮放入空气炸锅，200℃烤 8 分钟就可以出炉，此时面条应该变得硬硬的了。

6. 将炸篮倒扣，即可取下一片完整的干脆面。

有你，生活更美好

西镇一婶小家电美食系列

书名：亲爱的厨房小家电

书号：ISBN 978-7-5552-9820-5

定价：58.00元

作者：西镇一婶

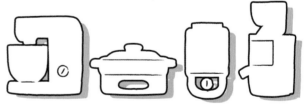

- ✓ **34** 道丰富多彩的厨师机美食
- ✓ **14** 道色味俱佳的多功能锅美食
- ✓ **13** 道快捷方便的轻食机美食
- ✓ **25** 道阳光健康的原汁机美食

- ✓ **1000** 张精美翔实的图片
- ✓ **86** 款"婶子碎碎念"
- ✓ **17** 道美食，**50** 分钟精彩视频

精彩不容错过